面向“东方水都”目标的
武汉市水环境问题与风险管理研究

MIANXIANG “DONGFANGSHUIDU” MUBIAO DE
WUHANSHI SHUIHUANJING WENTI YU FENGXIAN GUANLI YANJIU

张 祚 著

图书在版编目（CIP）数据

面向“东方水都”目标的武汉市水环境问题与风险管理研究 / 张祚著. — 武汉：中国地质大学出版社有限责任公司，2016.12

ISBN 978-7-5625-3756-4

Ⅰ.①面… Ⅱ.①张… Ⅲ.①水环境－环境管理－风险管理－研究－武汉市 Ⅳ.①X143

中国版本图书馆 CIP 数据核字(2015)第 279394 号

面向“东方水都”目标的武汉市水环境问题与风险管理研究 张　祚　著

出版发行：中国地质大学出版社

责任编辑：陈　琪

责任校对：张咏梅

地　　址：武汉市洪山区鲁磨路388号

电　　话：(027)67883511

邮政编码：430074

制　　版：武汉浩艺图文设计工作室

印　　刷：武汉籍缘印刷厂

开　　本：140mm×210mm　1/32

印　　张：5.75

字　　数：150千字

版　　次：2016年12月第1版

印　　次：2016年12月第1次印刷

定　　价：35.00元

前 言

在当前由于资源的浪费与枯竭、环境的破化和恶化，使得资源环境问题成为困扰中国城市经济社会发展最大障碍的宏观背景下，研究如何加强武汉市水环境风险管理，面向实现武汉市经济社会以“绿色低碳模式”可持续发展的目标，进一步探索武汉市水环境风险管理战略目标、定位及具体措施是关系到如何有效降低和控制水生态环境安全风险，为经济、社会可持续发展提供支撑保障并传承和发扬城市水文化的重要课题，兼具理论和现实意义。

1. 研究的理论意义

水是生命之源，是人类赖以生存和发展的不可缺少的最重要的物质资源之一。水环境是衡量一个城市居住、投资与旅游环境好坏的重要标志。伴随着我国工业化和城市化的快速发展，城市经济持续快速增长。同时，城市水环境急剧恶化，促使环境保护与经济增长的矛盾逐渐激化。城市水环境成为制约城市经济发展和影响城市自然环境的重要问题。由于自然因素、社会因素以及其他不确定性因素引发固定或移动的潜在污染源偏离正常运行状况，向水体排放污染物引起水体中生态结构或物理化学组成发生严重破坏或改变，水体丧失了其部分或全部功能，给人类生存环境、水体生态系统、人体健康安全构成了严重危害。

有效地控制水环境风险是经济、社会健康发展的重要保障。而水环境风险的产生除了不可预见的突发性原因外，很多是由于管理不善、治理措施不力等原因造成的。因此，研究如何加强水环境风险管理，是关系到如何有效降低和控制水环境风险，为经济、社会可持续发展提供支撑保障作用的重要课题。

2. 研究的现实意义

武汉市地处长江中游，降水丰沛，长江与汉水流经市区。正常年份，全市地表水总量 7 913 亿 m^3，其中本地降雨径流 38 亿 m^3，过境客水 7 875 亿 m^3。全市每平方千米地表水资源量为 9 345.6 万 m^3，远高于全国 27.5 万 m^3 的平均水平。此外，武汉市湖泊众多，水网密织，水域面积 2187km^2，占全市总面积的 25.6%，水域率居全国大城市之首。但是，长期以来武汉一直陷于“优于水又忧于水”的处境中，随着经济社会的快速发展和城市规模的不断扩大，水环境问题日益显现。一方面，武汉市水资源不断“缩水”，据统计，20 世纪 80 年代以来，武汉市的湖泊面积减少了 228.9 余平方千米，湖泊总数已不及 20 世纪 50 年代初的 1/3，另一方面，武汉市水环境质量不断恶化。根据 2010 年武汉市水环境公告，武汉市江河、湖泊水质多处于Ⅲ类、Ⅳ类水平，少数处于Ⅴ类甚至劣Ⅴ类水平。联合国开发计划署（UNDP）、联合国环境署（UNEP）通过数年的调查研究指出，影响武汉市可持续发展的最重要的环境因素就是水环境问题。

2011 年 12 月召开的武汉市第十二次党员代表大会确立了建设国家中心城市、复兴大武汉的宏伟目标。围绕这一目标，针对水环境的保护，提出了未来武汉市发展应充分彰显三镇、三城滨水特色的要求和全力打造“百里滨江画廊”，构建气势恢宏的大都市水岸景观，凸显独具魅力的“东方水都”风貌等目标。把武汉市建成“东方水都”符合武汉市水资源自然禀赋的科学发展目标，但这也为如何在整个社会经济发展符合低碳绿色发展模式特征的前提下，进一步探索武汉市水环境风险管理战略目标、定位及具体措施提出了现实要求。

本研究在梳理城市与水的关系、国内外典型“水上城市”和“水都”、城市水环境风险管理相关基本概念，对比分析我国主要城市水资源环境基本现状的基础上，对武汉市水环境现状进行了分析，并基于 GIS 工具，选择主要指标与全国其他主要城市进行了横向对比；从水环境风险管理体制机制改革、经济政策创新、法律体系完善和技术创新支撑等不同维度对武汉市水环境管理现状、所存在的风险问题及其成因进行分析;基于层次分析法和灰色评价模型，构建武汉市水环境风险综合评价指标体系,对水环境风险进行综合评价,并在“基本情景”“优化情景”和“绿色低碳情景”三种武汉市未来经济、社会不同的发展模式假设的前提下，对水环境风险形成的原因与表现结果主要指标的差异进行对比;最后，面向武汉市未来“绿色低碳模式”，围绕把武汉市建成国家中心城市、复兴大武汉的城市发展中心目标，从凸显武汉市独具魅力的“东方水都”出发，尝试提出了武汉市水环境风险管理的战略指导思想、战略目标以及具体的战略措施。

张　祚

2016 年 4 月

目 录

1 水与城市

1.1 水对城市的意义

1.1.1 水对城市区域地理的意义

世界上有许多著名而美丽的城市都是沿滨海、滨湖而建，如纽约、东京、波士顿、芝加哥（图1–1），同时也有很多著名而美丽的城市有河流穿流而过，如巴黎、伦敦、罗马、布达佩斯、哥本哈根等，许多城市也正是因为其具有独特而富有魅力的城市滨水空间而闻名遐迩。正如凯文·林奇在他的《城市意象》中多次提到的：具有层次性和开放性的城市，以及由此产生的充满生机和活力的城市滨水空间，将会是一个城市在整体空间形态上区别于其他城市进而形成其特色的场所[1]。城市中的水体不同于自然界的，它对城市的整体形态有一种构建作用，能够使人们的感知更清晰，使城市具有一种“意象能力”。同时，水体可以在路径、节点、边缘、区域和地标5个方面加强城市结构、空间结构的感知。

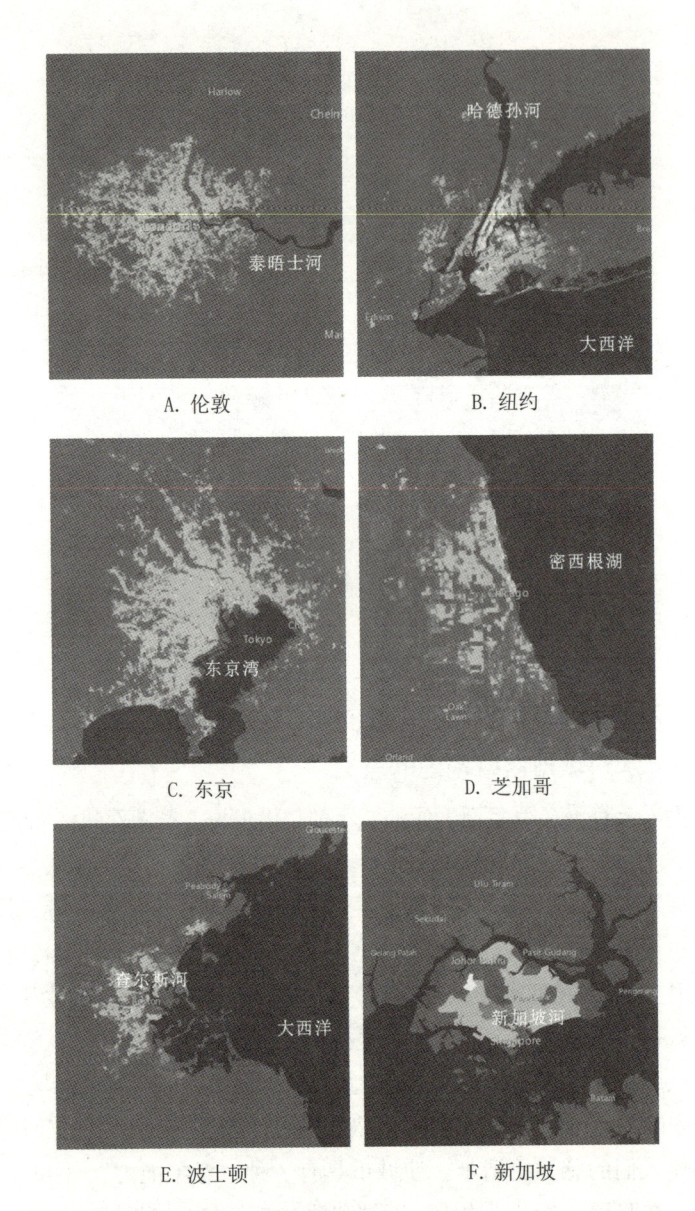

A. 伦敦　B. 纽约

C. 东京　D. 芝加哥

E. 波士顿　F. 新加坡

图1-1　世界著名城市人口与水域分布

（资料来源：经过 Urbano bservatory，http://urbanobservatory.org/compare/index.html 公开数据整理绘制）

1.1.2 水对城市人文历史的意义

由于城市与水密不可分，城市发展积淀的人文历史往往与城市水文化密切联系。城市水文化是城市人文历史的一部分，也是最能直接反映城市滨水发展、生产、生活的重要部分。而且在城市发展的过程中，人们在滨水空间的生产、生活不但见证了城市发展历程，在滨水区域留下的物质印迹，也成为城市发展过程中最直接和最重要的见证。具体包括：城市滨水区域所保留的文物古迹、历史性建筑物（如武汉汉口的海关、上海黄浦江西岸保留下来的各大银行的旧址）；临水的街区、地段，特定历史条件下的整个水上古城镇（如著名水城威尼斯，江南水乡绍兴、乌镇）；多年形成和保留下来的渔村、渔港或是港口所形成的场所，以及古灯塔、古桥建筑物等[2]。

1.1.3 水对城市社会经济方面的意义

水资源是人类生存和经济发展的基础要素。因此，水对城市经济和社会的发展起到了基础性的关键作用。由于滨水区域地理位置和交通条件的优势，聚集了城市发展中丰富的综合资源，因此“二战”以后很多西方国家开始关注城市滨水区域的开发或再开发，以实现城市产业结构调整、塑造城市形象、发展城市经济、提升城市综合竞争力的目的。随着城市滨水区的开发和再开发重新聚集了商业、休闲娱乐、运输仓储业、通信业、金融保险和不动产等产业，滨水区逐渐成为城市经济社会发展的重要节点和窗口。

1.1.4 水对城市生态环境的意义

城市的水系往往与土地、生物组成一个有机的、富有活力的生态循环系统。水对整个城市系统都有积极的调节作用。城市中的水面与水泥路面和裸露地面相比，气温变化相对较小。尤其在夏季，虽然水体吸收太阳辐射较多，但不易增温，相当于城市中的空气调节器。同时，城市水面又是水汽蒸发的源区，故而其上方及附近的空气相对湿度较高。另外，水面也具有吸收空气中的污染物和尘埃的功能，尤其是水中的生物和岸边湿地能较好地净化城市污水，减少水体二次污染。水面上方空气流动较为通畅，这使得水面对周围环境的改善作用大于绿地[3]。

1.2 水与城市形象

1.2.1 水与城市的空间关系

世界上闻名的滨水城市有很多，每一个城市都有其独特的滨水空间，即每一座滨水城市其水域与城市的空间关系是不同的。荷兰 Delft 大学 Tzoni 教授将水与城市的关系归纳为“城在水上”“城在水边”“水在城中”3 种形式[4]，并且界定“都，指知名都会;水，是可作为城市空间中心要素的水”。本研究可以简单地依据城市水域的面积来确定“可作为城市空间中心要素的水”。因此，根据城市和水的相对空间位置特征，水与城市的空间关系可以大致归纳成以下 3 种情况:①“水在城中”，即水域被包围在城市辖区之内，如伦敦、巴黎、杭州西湖、南京玄武湖、济南大明湖、北京三海、惠州西湖、苏州金鸡湖等;②“水在城边”，即水位于城市的边缘，如嘉兴南湖、肇庆星湖、扬州瘦西湖、武汉东湖、苏州石湖、绍兴东湖、昆明滇池等;③“城在水边”，即湖泊的面积较大，超出了城市的区域范围，如太湖、洞庭湖、鄱阳湖等大型湖泊与无锡、岳阳、南昌等沿岸城市的关系，欧洲日内瓦湖、北美洲五大湖地区湖泊与沿岸城市的关系。下面依次对这 3 种滨水空间进行详细的介绍。

1.2.2 水与城市发展

水与人的关系密切，这不仅体现在日常生活中，也展现在人的精神层面。从城市的起源来看，最早的城邦都是依水而建，这是为了解决人对于水的基本生理需要，其中包括了水本身以及水中蕴含的资源（如海洋和河流带来的鱼类资源）。另外，随着城市系统的完善，水与城市的关系也越来越紧密。曾经，水上交通是人们出行和货物运输的重要选择。例如，底特律市是美国大湖区重要港口，与五大湖湖滨各大城市联系密切。五大湖曾经为底特律发展成为汽车之都起到了重要的交通运输作用。随着城市的进一步发展，电力、给排水系统等现代化基础设施的建设和完善，城市的功能也从最初的空间概念逐步演化成为人们提供更好生活的空间综合体。某种程度上，城市的发展史也可看作是水与人的生活日趋紧密的一部发展史。从古代的都江堰到现代的三峡大坝，人类对于水的认识和利用的能力有了极大的提高，然而，水对于人和城市的基本作用依然没变。

1992年联合国环境与发展会议通过的《二十一世纪议程》明确地警示:“淡水是一种有限的资源，不仅为维持地球上的一切生命所必需，而且对一切经济部门都具有生死攸关的重要意义。”水在为人类带来鱼类资源、交通资源以及能源，为人类社会提供生活保障的同时，也逐渐推动了相关产业的发展，为人类社会带来了巨大的经济利益和社会价值。此外，水也为城市可持续发展提供支撑。随着世界范围内经济产业结构的调整和升级，第三产业快速发展，人们对“水资源”利用的侧重点和方式也发生了很大的变化。第二次世界大战后，随着很多城市内河航运的衰弱，在滨水区域的再开发过程中更侧重的不是水的传统交通功能，而是对水文化和旅游资源的开发。例如，作为典型的“水上之城”，威尼斯当地人的生活出行几乎都以船为主，独特的城市形态为当地居民带来独特的生活方式。同时，这种“活在水上、与水相伴”的独特生活方式也成为当地旅游发展和吸引全球游客的重要元素。

1.2.3 水的城市景点特色

如果一个城市拥有丰富的水资源及与水相关的景点，这些景点不但会成为城市特色，也将成为塑造城市标志性形象的重要元素。不仅在水本身，在滨水的建筑布局与建造上也体现出独有的特点。最常见的就是桥、滨水平台、码头和各种船等。在威尼斯，最为著名的桥利亚德桥（Rialto），又名商业桥，它全部用白色大理石筑成，是威尼斯的象征。而在新加坡，早已不再发挥经济功能的新加坡桥始终横跨新加坡河两岸，成为当地居民追寻城市历史和外地游客游览观光的重要景点。船也因为水而存在，很多城市的河流或者湖泊中可以看到各式船只穿梭不息的身影。在威尼斯,船如同公交车一样有线路和船站,传统的“贡多拉”船、古老的建筑与悠扬的风琴声已经让船只从简单的交通运输工具升华成为重要的旅游标志。而在古城绍兴，乌篷船也随着鲁迅的作品而广为人知，成为绍兴城市形象的重要元素之一。

1.2.4 水与城市生活方式

水不但塑造着城市形象，同时也影响着城市居民的生活方式，每一个城市都用与水最亲近的方式生活着。作为最有代表性的水上城市，威尼斯的生活方式为世人称道。威尼斯人生活的分分秒秒都与水有关。这个城市的出行方式、居住方式、观光，都让人感到水城的魅力。威尼斯水道是城市的马路，市内没有汽车和自行车，也没有交通指挥灯，船是市内唯一的交通工具。在那里似乎只有悠哉地划着小船，才符合威尼斯不温不火的城市气质。而古城绍兴则用东方的神秘诠释了水上之城另外一种静谧的生活方式。从人们耳熟能详的乌篷船，到醇香的绍兴黄酒，绍兴也形成了自己的水文化。但是水上之城的另外一种表现方式恰恰是活力。新加坡和阿姆斯特丹，这两座依靠海而立足，直至发展成今日之势的大都市，每时每刻都跟随着时代的步伐，未曾停滞[5]。

1.2.5 “水上城市”和城市性格

当水与城市交融，无形的水影响了有形的城市[5]。世界著名水城中，各自神态迥异。阿姆斯特丹的热情、威尼斯的浪漫、新加坡的专注、绍兴的古雅，都是水上城市的不同表情与性格。在荷兰阿姆斯特丹，一改威尼斯的温存，乐于冒险的荷兰人已经与北欧大海的波涛汹涌融为了一体。在位于东半球赤道边缘的新加坡，水同经济、水同旅游乃至文化都有千丝万缕的联系。作为东西方的交汇点，新加坡充分依靠地理优势和自身努力，积极发展港口贸易，不但成为世界的港口城市，也在不断的磨砺中，走出了独特的经济发展与生存模式，塑造了新加坡兼容并蓄、努力与坚毅的城市性格。而在东方水乡绍兴，地理气候得天独厚，自古吴越被称为鱼米之乡。绍兴的黄酒，绍兴的小桥流水，都给人一种不温不火、缓缓而行的气质。“谦谦君子，温润如玉”则是对于绍兴的城市性格的描述[5]。

1.2.6 国内外“水上城市”和“水都”概览

在世界城市之林，根据实际情况，认识和发展自身的城市特色，是从众多城市中脱颖而出，提高城市综合竞争力的重要手段。威尼斯是世界上最著名的水上城市，位于意大利东北部的亚得里亚海西北岸，市区建在离陆地 4km 的海边浅水滩上。全城有 177 条运河，水道纵横其间，与 400 多座形态各异的桥梁、18 个小岛连成一体（图 1–2）。威尼斯已成为世界上水上城市的代名词。除了威尼斯之外，位于太平洋和印度洋喉舌的新加坡不仅以“花园之城”闻名，同时也是典型的港口之城。阿姆斯特丹有着丰富的运河体系，以运河资源作为水资源利用的典范划入“水上城市”的领域。斯德哥尔摩——瑞典的首都，整个城市分布在 14 个岛屿和 1 个半岛上，市内水道纵横，共有 70 余座桥梁为市内交通提供保障。泰国首都曼谷，位于湄南河三角洲冲积平原处，市内水道纵横，水上交通十分频繁，被称为“东方威尼斯”（表 1–1）[5]。

图1-2　威尼斯航拍图

表1–1 国外“水上城市”或“水都”统计

市名称（别称）	城市水域	与水相关的知名物	简评
威尼斯（水都）	人工水域，大联盟运河	威尼斯船	以船代车，以桥代路。水域面积在整个城市面积的比重十分大，让整个城市感觉是漂浮在水面上一般
新加坡（水中之城）	马六甲海峡	港口贸易	新加坡虽以“花园之城”闻名，但最早是以港口贸易发家。是太平洋和印度洋的喉舌，可谓港口之城的典范
阿姆斯特丹（北方水城）	艾瑟儿湖、北海、阿姆斯特丹－莱茵运河等	港口及运河	有着丰富运河体系，以运河资源作为水资源利用的典范划入“水上城市”的领域
斯里巴加湾（世界上最大的水上之乡）	文莱河畔	港口、“水上村落”	文莱首都，位于文莱湾西南角滨海平原，是世界上最大的水上村庄，港区十分庞大
斯德哥尔摩（北方威尼斯）	波罗的海	港口、岛之城	瑞典的首都，整个城市分布在 14 个岛屿和 1 个半岛上。市内水道纵横，共有 70 余座桥保证市内交通状况，被称为“东方威尼斯”
曼谷（东方威尼斯）	湄南河三角洲	水上交通系统	泰国首都，位于湄南河三角洲冲积平原处，市内水道纵横，因此水上交通十分频繁

近几年，国内许多大城市不约而同纷纷打出“水都”牌，以树立自己独特的城市形象。中国具有代表性的水上城市有上海、苏州、绍兴、宁波等(图 1–3，表 1–2)，每个水上城市的建设与发展都有其自身特色。其中比较典型的如浙江绍兴，绍兴古称“会稽”，有着 2 500 年建都史，

是中华文明的发源地之一。位于浙江北部、长三角南部，北纬30°，总面积8 279km²，其中还拥有超过40km的海岸线，属于沿海城市。其现代化城市格局已经颇具规模。目前形成了以镜湖为核心，以越城、袍江、柯桥为支撑的特大城市格局，是华东重要的交通枢纽和商贸物流中心之一。绍兴河流广布，有着庞大的平原水网，有学者提出“中国山水州，东方威尼斯”的城市发展构想[6]。

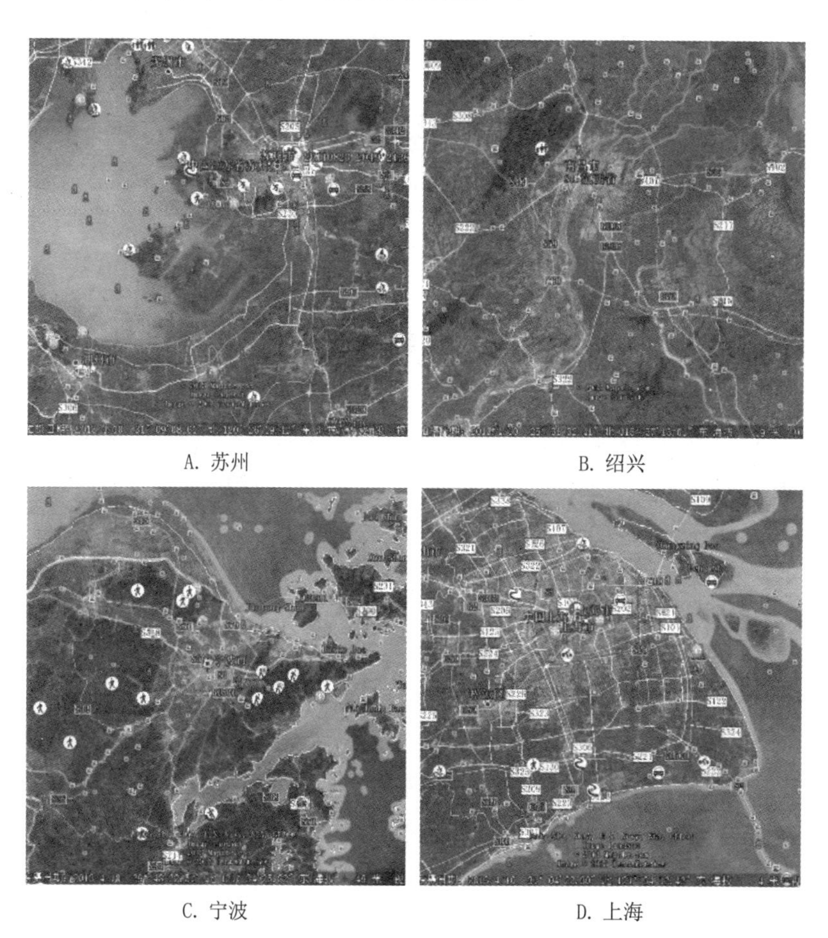

A. 苏州　B. 绍兴　C. 宁波　D. 上海

图1-3　上海、苏州、绍兴、宁波卫星图

表1-2　中国“水上城市”或“水都”统计

城市名称	所在地区	城市水域	城市形象定位
上海	上海市	黄浦江水系、淀山湖	东方水城、人间天堂、水清、岸绿、景美、游畅的东方水都
苏州	江苏省	太湖、长江	江南水城
宁波	浙江省	余姚江、奉化江、甬江	东方商埠、时尚水都
杭州	浙江省	钱塘江、西湖	江南水都
绍兴	浙江省	鉴湖	黄酒之乡
长春	吉林省	松花江、拉林河、饮马河	北方水城
丹江口	湖北省	汉江、太极湖	中国水都
聊城	山东省	黄河、京杭大运河	江北水都

2 水环境风险管理及水环境现状

2.1 水环境及水环境污染

2.1.1 水环境及其构成

水是生命之源，是人类赖以生存和发展的不可缺少的最重要的物质资源之一。水环境（water environment）主要由地表水环境和地下水环境两部分组成。地表水环境包括河流、湖泊、水库、海洋、池塘、沼泽、冰川等;地下水环境包括泉水、浅层地下水、深层地下水等。水环境是构成环境的基本要素之一，是人类社会赖以生存和发展的重要场所，也是受人类干扰和破坏最严重的领域。水环境的污染和破坏已成为当今世界主要的环境问题之一。

根据《中国百科全书》的定义，水环境研究通常比较单一地指向水体的质量状态，即水污染问题[7]。从系统的观点来考察水环境问题可知:水环境不是孤立的水体污染、水土流失、河道淤积等问题，而是自然、经济、社会诸多过程的统一体现;水环境的变化是生态环境、社会经济和工程技术一体运作的结果。因此，不可能脱离社会、经济和环境因素孤立地去研究水环境系统。根据《中华人民共和国国家标准 GB/T 50095—98》的界定，水环境是指围绕人群空间及可直接或间接影响人类生活和发展的水体，其正常功能的各种自然因素和有关的社会因素的总体[8]。广义的水环境是围绕人群空间、直接或者间接影响人类生活和社会发展的水体的全部，是与水体有反馈作用的各种自然要素和社会要素的总和，是具有自然和社会双重属性的空间系统。

2.1.2 水资源短缺与环境破坏

从资源对于人类“可利用”的属性来看，水环境实际上即将水视为水资源（water resource），而水资源是量与质的统一。随着国民经济的持续快速发展和城市化进程的加快，一方面，我国已经有相当一部分城市出现了水资源短缺的状况，城市缺水范围不断扩大，缺水程度日趋严重；另一方面，水质日益恶化，许多沿江沿河城市不断受到洪水威胁，水短缺、水污染、水安全等已经成为制约国民经济和社会发展的重要因素，对21世纪我国的环境与发展造成了巨大的潜在压力。

2.1.2.1 从量的角度看：水资源供需矛盾日益突出

水资源供需矛盾在我国日益突出，成为严重制约国民经济发展的因素。据统计，我国640个城市中有300多个城市不同程度缺水，其中包括上海、北京、天津等在内的108个城市严重缺水，日缺水量达$1\,600\times10^4m^3$，全国城市自来水供水能力平均仅能保证高峰日用水量的86%，省会城市保证率则更低。每年因缺水造成的直接经济损失达$2\,000\times10^8$元。据预测，2010年，我国总供水量为6200×10^8～$6500\times10^8m^3$，相应的总需水量将达$7\,300\times10^8m^3$，供需缺口近$1\,000\times10^8m^3$。我国水资源供需面临非常严峻的形势。此外，由于过量开采地下水，造成水位下降，局部地区发生地面沉陷和形成漏斗，引起海水入侵等环境问题。

2.1.2.2 从质的角度看：水质严重污染以及水环境破坏

我国面临水量危机的同时，还面临着因污染导致的水质危机。近年来，我国水污染仍成发展趋势，工业发达地区水域污染尤为严重。据统计，1991年全国废弃污水排放总量为336.2×10^8t（不包括乡镇企业），其中工业废水排放量为236×10^8t，占70%。一些乡镇工业工艺水平较低，技术水平不高，排污量大，污染源分散，且农村地区农药的大量使用，有毒成分流失在土壤、水体和空气中，成为我国难以控制、非常广阔的水污染来源。据七大水系和内陆河流的110个重点河段统计，符合“地面水环境质量标准”Ⅰ类、Ⅱ类的占32%，Ⅲ类的占29%，Ⅳ类、Ⅴ类的占39%。与此同时，城市内及其附近的湖泊已普遍严重营养化。

此外，全国以地下水源供水为主的城市，地下水几乎全部受到不同程度的污染。目前，我国80%的水域、45%的地下水受到污染，90%以上的城市水源严重污染，这不但影响到人们的健康和工农业生产，而且使有限的水资源遭到破坏，对城市供水造成严重危害。

水主要通过水环境提供，水环境不仅可以提供水资源、生物资源、旅游资源等，还有调洪、航运、排水等许多功能。另外，水环境不仅是流域污水废水的直接接受者，也是人类活动一切废物的最终归宿，而现在许多水环境都污染得很严重，以致影响它的正常用途。

2.1.3 城市水环境污染的分类

城市水环境污染分为点源污染和非点源污染。

（1）点源污染主要指工业废水和城镇生活污水。工业废水为水域的重要污染源，具有量大、面广、成分复杂、毒性大、不易净化、难处理等特点。城市生活中使用的各种洗涤剂和污水、垃圾、粪便等，多为无毒的无机盐类，生活污水中含氮、磷、硫多，致病细菌多。我国每年约有1/3的工业废水和90%以上的生活污水未经处理就排入水域，全国有监测的1 200多条河流中，目前850多条受到污染，90%以上的城市水域也遭到污染，致使许多河段鱼虾绝迹，符合国家一级和二级水质标准的河流仅占32.2%。污染正由浅层向深层发展，地下水和近海海域也正在受到污染，我们能够饮用和使用的水正在逐渐减少。

（2）城市的非点源污染包括工厂和机动车辆排放的废气、大气降尘、生活垃圾等。这些污染物平时或悬浮于大气中，或散布在城区建筑物和街道上，降雨时则随径流运动，造成降雨径流污染。城市地表径流中包含许多污染物质，有固态废物碎屑、化学药品、空气沉降和车辆排放物等。根据 Vitale 等人的研究结果，中型城市水体中 BOD① 与 COD② 的总含量有 40%～80%来自面源，在降雨较多的年份中，90%～94%的总 BOD 与 COD 负荷来自城市下水道的溢流。城市地表径流中污染物 SS、重金属及碳氢化合物的浓度与未经处理的城市污水基本相同[9]。

2.2 水环境风险管理

2.2.1 环境风险

人类在对自然的认识过程中也充满了对各种灾害的恐惧。在一般的情况下，风险可以看作是实际结果与预期结果的偏离[10]。支持风险客观学说的学者认为，风险是客观存在的，在特定情况下、特定时期内，某一事件导致的最终损失的不确定性（objective uncertainty）[11]。

2.2.1.1 风险的特性：客观性和不确定性

第一，风险是客观存在的。但是由于人类总体上的认识能力不足，无法得到确定状态所必要的信息。也就是说，不论人们是否意识到，也无论人们是否能准确估计出其大小，风险的大小在特定的时空范围内是“唯一”的，至于在每个人心理上的反映可能各不一样，那只能解释为个人认识风险的能力或手段不唯一，并不是风险不唯一。

第二，不确定性是风险最为基本的特征。风险总是用在这样的场

---

① BOD：生化需氧量或生化耗氧量（五日化学需氧量）（biochemical oxygen demand，简称 BOD），表示水中有机物等需氧污染物质含量的一个综合指示。说明水中有机物由于微生物的生化作用进行氧化分解，使之无机化或气体化时所消耗水中溶解氧的总数量。

② COD：化学需氧量又称化学耗氧量（chemical oxygen demand，简称 COD），是利用化学氧化剂（如高锰酸钾）将水中可氧化物质（如有机物、亚硝酸盐、亚铁盐、硫化物等）氧化分解，然后根据残留的氧化剂的量计算出氧的消耗量。它和生化需氧量（BOD）一样，是表示水质污染度的重要指标。COD 的单位为 $\times 10^{-6}$ 或毫克/升（mg/L），其值越小，说明水质污染程度越轻。

合，即未来将要发生的结果是不确定的。实际上，不确定这一术语描述的是一种心理状态，它是存在于客观事物与人们认识之间的一种差距，反映了人们由于难以预测未来活动和事件的后果而产生的怀疑态度。风险的不确定主要来源于以下几方面[12]。

（1）与客观过程本身的不确定有关的客观的不确定。

（2）由于所选择的为了准确反映系统真实物理行为的模拟模型只是原型的一个，造成了模型的不确定。

（3）不能精确量化模型输入参数而导致参数的不确定。

（4）数据的不确定，包括测量误差、数据的不一致性和不均匀性、数据处理和转换误差，由于时间和空间限制，数据样本缺乏足够的代表性等。

2.2.1.2 环境风险及相关概念

风险发展至今已经扩展到了许多领域，例如健康风险、环境风险、经济风险等。水环境污染会导致公共健康危害（健康风险）、水质恶化及生态系统破坏（环境风险），并会造成经济上的损失（经济风险）[13]。

（1）环境风险：环境风险的概念有多种表述，如“环境风险是由自发的自然原因和人类活动（对自然或社会）引起的，通过环境介质传播能对人类社会及自然环境产生破坏、损害乃至毁灭性作用等不良后果发生的概率及其后果”“由自然原因或人类活动引起的，通过降低环境质量，从而能对人类健康、自然生态产生损害的事件，可以用其发生的概率及其后果来表示”[14]。也就是说，环境风险是指环境受到危害的期望值。如果以人类的利益来看的话，环境风险就是指由于环境的破坏致使人类利益损失的期望值。

环境风险分类可以划分为现有环境风险和待生环境风险，其治理理念和模式并不相同。其中，待生环境风险指，将要出台的立法、政策、规划、计划等宏观决策以及开发建设项目实施后对环境可能产生的风险。从国际经验看，对此类风险的管理主要是通过环境风险评价来进行。

（2）环境风险计算公式：环境风险 = 人类利益损失期望值 = Σ（风险导致损失的大小 × 发生风险的概率）[15]。

（3）环境风险管理：其目的是于环境风险基础之上，在行动方案效益与其实际或潜在的风险以及降低风险代价之间谋求平衡，从而，选择较佳的管理方案。

（4）环境风险评价：是指对由于人类的各种行为所引发的危害人类健康、社会经济发展、生态系统的风险可能带来的损失进行评估，并提出减少环境风险的方案和决策[16]。通过评价环境的不确定性和突发性问题，关注事件发生的可能性及其发生后的影响，能够从源头上防范环境风险，防患于未然。

（5）风险源：它指可能产生环境危害的源头。风险来源可分为客观风险源和主观风险源。来自客观风险源和主观风险源的不确定可以分别被称为随机不确定和模糊不确定[17]。

（6）风险受体：即风险承受者，在风险评价中指生态系统中可能受到来自风险源的不利作用的组成部分，包括人、各环境要素、建筑物、工程设施、基础设施和经济活动。

（7）易损性：即风险受体损失的难易程度。就地下水环境来说，笔者认为其易损性可以看作是地下水易污性。

2.2.2 风险管理

风险管理是社会生产力、科学技术水平发展到一定阶段的必然产物。风险管理的现代运用始于20世纪50年代初，拉塞尔格拉尔（Gallagher）于1956年发表在《哈佛商业评论》中的一篇论文。作为一门相对较新的学科，风险管理有很多种不同的定义方式，笔者比较认同的定义是：风险管理是一种应对纯粹风险的全面的管理职能，它通过预测可能的损失，设计并实施一些流程去最小化这些损失发生的可能；面对确实发生的损失，最小化这些损失的影响。

风险管理作为一种对付风险的科学方法，一个具有逻辑性的渐进步骤对其效果是有十分重要的意义的。无论是个人、企业还是政府机构，风险管理的程序都是大致相同的，一般可分为5个步骤（图2-1）。

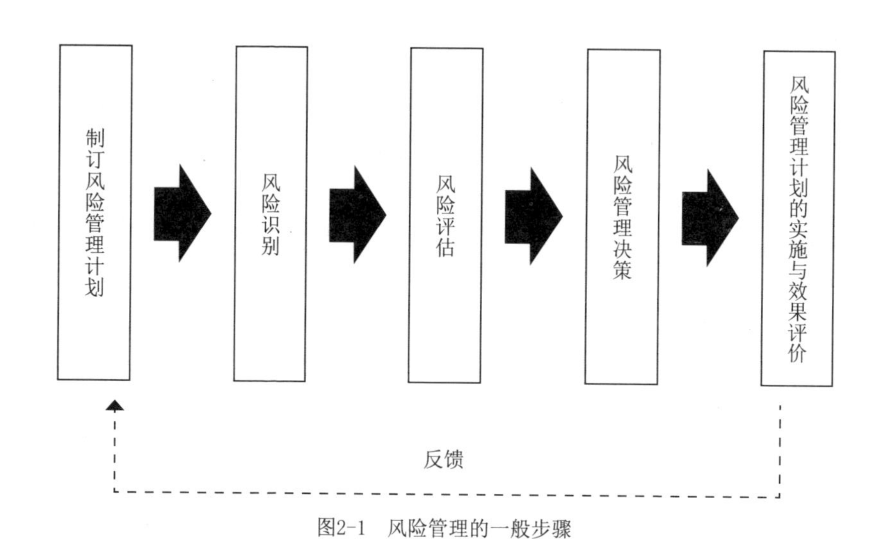

图2-1 风险管理的一般步骤

（1）制订风险管理计划。这一步骤最主要的工作是明确管理的目标。目标是行动的纲领，风险管理的成功与否很大程度上取决于是否预先有一个明确的目标。

（2）风险识别。风险识别是风险管理的基础。可以说，风险管理的成效如何主要取决于风险识别工作。这一过程的核心是对人和物所面临的风险进行识别与判断，实践中可以按照业务流程的顺序进行分析，也可以按照风险承受对象逐一排查。

（3）风险评估。风险评估是指在风险识别的基础上，估算损失发生的概率和损失幅度，并依据个人的风险态度和风险承受能力，对风险的相对重要性以及缓急程度进行分析。这一过程分为两个步骤：风险估算和风险评价[18]。

（4）风险管理决策。选择合理的风险管理方法、制订风险管理计划的过程就是风险管理的决策过程。风险管理决策中最为重要的是根据对各种风险的识别和评价的结论，以一定的准则来选择对付风险的方法。

（5）风险管理计划的实施与效果评价。风险管理的决策和计划，只有通过付诸实施才能产生应有的成效。如果在计划中对某种风险采用自担的方式应对，则可能需要建立备用金或专用资金。此外，考虑到风险管理过程是动态的，风险是在不断变化的，有时做出的风险管理的决策是错误的，因此在风险管理的决策贯彻和执行后，必须对其情况进行检查和评价。

2.2.3 水环境风险管理研究

从城市水环境风险来看，水环境污染会导致公共健康危害[19~22]、水质恶化及生态系统破坏（环境风险），并会造成经济上的损失（经济风险）。因此，水环境风险及可靠性分析属于多学科领域[23~28]。

从城市水环境管理来看，城市水环境不仅是人们生存、居住的外部环境的重要组成部分，而且是城市可持续发展的支柱。随着社会经济的飞速发展和城市化进程的加快，城市水环境持续恶化。城市水环境质量下降不但危害人体健康，而且制约了工业的发展，加速了环境和生态的退化和破坏。许多学者认识到了这一点，通过研究国内外的城市水环境管理经验，提出了各自的见解[29~31]。

在评价方法上，模糊综合评价法[32]、层次分析法（Analytic Hierarchy Process，以下简称AHP）[33]、数据包络分析法(Data Envelopment Analysis，DEA)[34]、人工神经网络评价法(Artificial Neural Network，ANN)[35]以及灰色综合评价法[36]常常运用于水质与水环境的评价研究中，并有着自身的特点和适用性[37]。

2.3 我国城市水环境现状

2.3.1 城市水资源短缺

2.3.1.1 水量总量不足

我国是世界上13个贫水国之一，年均降水量630mm，低于全球陆地面积平均值 880mm 的年均降水量。当前，我国农业年缺水达 300 多亿立方米，受旱面积达 3 亿～4 亿亩（1 亩 =666.7m^2）。其中，沿昆仑、秦岭、淮河一线以北的旱作农业区，跨越 15 个省市区的 965 个县，耕地约 7.3 亿亩；南方无灌溉的旱地也近 2 亿亩。在全国 668 座建制市中，有近 428 座城市缺水，其中缺水严重的城市达 100 多个。

据《中国环境年鉴》初步统计，2009 年，全国水资源总量 23763 $\times 10^8 m^3$，比常年值少 14.3%，比上年减少 13.4%；全国平均降水量 583.1mm，比常年值少 9.3%，较上年减少 15.2%。年末全国 500 座大型水库蓄水总量 2 468 $\times 10^8 m^3$，比年初减少 289 $\times 10^8 m^3$。2009 年，全国总供水量 5 933 $\times 10^8 m^3$，其中地表水源占 81.1%，地下水源占 18.4%，其他水源占 0.5%。全国总用水量 5 933 $\times 10^8 m^3$，比上年增加 23 $\times 10^8 m^3$，其中，生活用水 750 $\times 10^8 m^3$（其中城镇生活占 59.2%），占总用水量的 12.7%；工业用水 1388 $\times 10^8 m^3$，占总用水量的 23.4%；农业用水 3 687 $\times 10^8 m^3$，占总用水量的 62.1%；生态环境补水 108 $\times 10^8 m^3$，占总用水量的 1.8 %。与上年比较，生活用水增加 21 $\times 10^8 m^3$，工业用水减少 9 $\times 10^8 m^3$，农业用水增加 23 $\times 10^8 m^3$，生态环境补水减少 12 $\times 10^8 m^3$。全国人均用水量为 446 m^3。与上年比较，万元 GDP 用水量 217m^3（2005 年可比价），比上年减少 7.6%；万元工业增加值用水量 116.8m^3（2005 年可比价），比上年减少 8.3%。

2.3.1.2 水量空间分布不合理

我国水资源分布严重不平衡（图 2-2、图 2-3）。从气象学、地理学的角度来看，表现为降水东南多、西北少，山区多、平原少；雨量大致由东南向西北递减，东南沿海正常年份降雨量大于 1 200mm，西北广大地区少于 250mm；降水年内分配不均，冬春不雨，夏秋多雨；汛期雨量过于集中，利用难度很大，非汛期又往往缺乏水量。另外，降水量的年际变化也大，丰水年与枯水年的水量相差悬殊，致使水、旱灾害频繁发生。目前，北方 9 省区人均水资源量不足世界人均水平的 1/16，远低于国际公认的人均 1 000m^3 的缺水警戒线，属极度缺水地区。

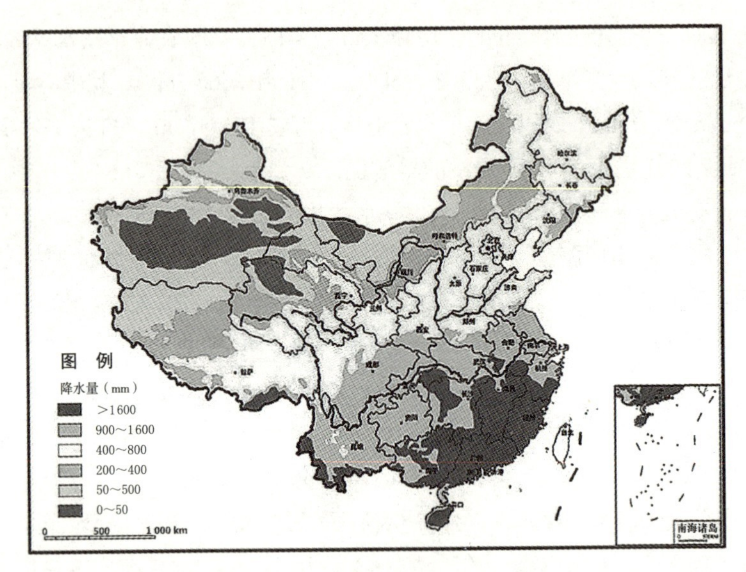

图2-2 全国多年平均降水量分布图
（资料来源：国务院于 2010 年印发的《全国主体功能区规划》）

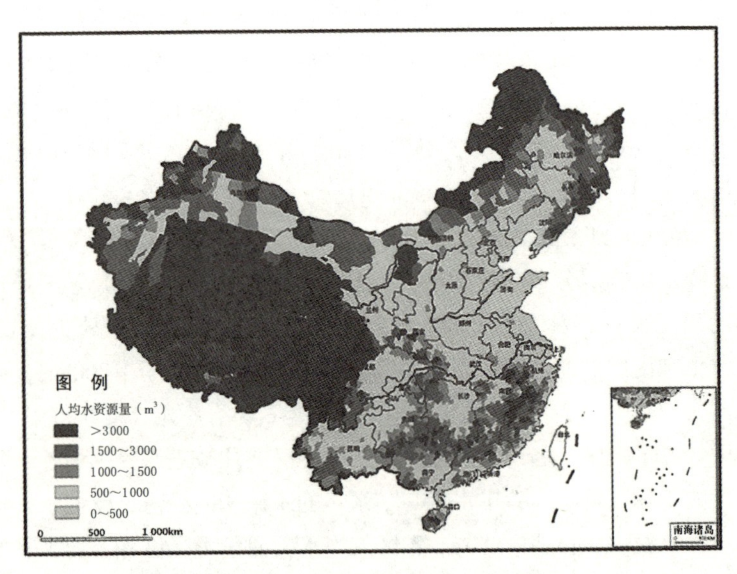

图2-3 全国人均可利用水资源评价图
（资料来源：国务院于 2010 年印发的《全国主体功能区规划》）

2.3.2 城市水质量恶化

2.3.2.1 城市工业污染

我国江河、湖泊和海域普遍受到污染，至今仍在迅速蔓延。水污染加剧了水资源短缺，直接威胁着饮用水的安全和人民的健康，影响到工农业生产和农作物安全，造成了巨大的经济损失。在我国经济的迅猛发展中，由于工业结构的不合理和粗放型的发展模式，工业废水造成的水污染占据了我国水污染负荷的50%以上，绝大多数有毒有害物质都是由工业废水的排放带入水体。目前，我国排放的污水量与美国、日本相近（美、日还进行污水处理），而经济发展水平却不能与其相比，可见我国为粗放型经济增长所付出的巨大环境代价。

根据《全国环境统计公报》统计，2010年，我国废水排放总量617.3×10^8t，比上年增加4.7%。其中，工业废水排放量237.5×10^8t，占废水排放总量的38.5%，比上年增长1.3%；工业废水中化学需氧量排放量434.8×10^4t，比上年减少1.1%；工业氨氮排放量27.3×10^4t，与上年持平；工业废水排放达标率95.3%，比上年提高1.1个百分点；工业用水重复利用率85.7%，比上年提高0.7个百分点。

2005—2010年，历年废水排放总量呈逐年增长的趋势，平均增长幅度约为3%（图2-4）。其中，工业废水排放总量除了2007年略高于2005年外，其他年份都低于2005年水平。从历年废水排放总量和化学需氧量排放量来看，源于工业废水的平均比例分别占到了42.5%和36.5%。

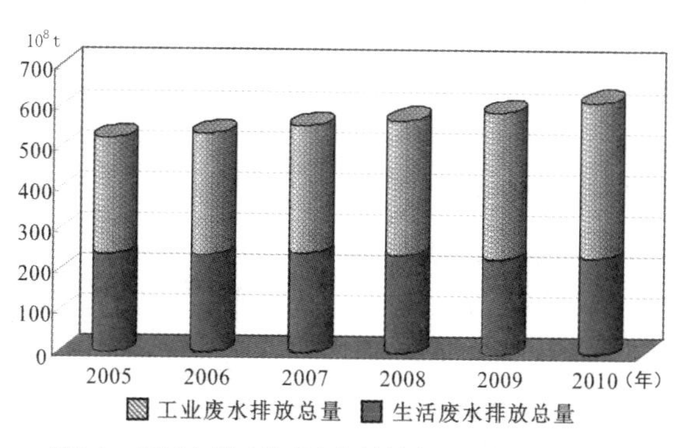

图2-4　历年全国工业废水与城镇生活污水排放量对比

2.3.2.2 城市生活排水污染

水污染防治的最终目的是确保人民的身体健康。目前，我国有很多城镇饮用水源受到污染，居民的饮用水安全得不到保障。饮用水中有机物含量的增加导致了致癌、致畸、致突变的潜在威胁，重金属则会使人迅速中毒、得病，水污染也大大增加了饮用水源中致病微生物的数量。目前，全国年排放污水量已达 $560\times10^8\sim600\times10^8m^3$，其中80%以上的污水未经处理直接排入水域，90%以上的城市水域污染严重，给居民生活用水和当地经济发展带来严重影响。

2010 年，城镇生活污水排放量 379.8×10^8t，占废水排放总量的61.5%，比上年增加 6.9%。其中，城镇生活污水中化学需氧量排放量 803.3×10^4t，比上年减少 4.1%；生活氨氮排放量 93.0×10^4t，比上年减少 2.4%。2005—2010 年，历年生活废水排放量呈逐年增长的趋势，平均增长幅度约为 5%，高于历年废水排放总量的比例。由此可见，生活废水排放量呈现出明显的上升趋势。

化学需氧量 COD（chemical oxygen demand）是在一定的条件下，采用一定的强氧化剂处理水样时，所消耗的氧化剂量。它是表示水中还原性物质多少的一个指标。水中的还原性物质有各种有机物、亚硝酸盐、硫化物、亚铁盐等，但主要的是有机物。因此，化学需氧量（COD）又往往作为衡量水中有机物质含量多少的指标。化学需氧量越大，说明水体受有机物的污染越严重。从 2005—2010 年历年全国化学需氧量排放情况看，2006 年略高于 2005 年，2006 年以后则有逐年下降的趋势，但是下降的幅度不大（图 2-5）。

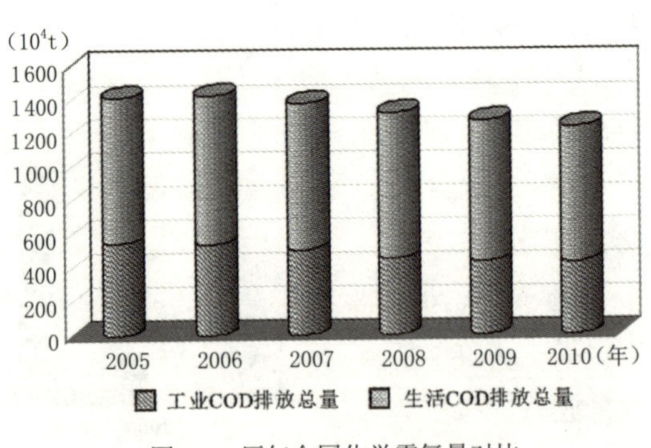

图2-5 历年全国化学需氧量对比

2.3.2.3 农业污染

除工业和城市生活排水造成的点源污染外，我国的面源污染也越来越严重。面污染源包括各种无组织、大面积排放的污染源，如含化肥、农药的农田径流，畜禽养殖业排放的废水、废物等，其严重影响已经在我国很多城市和地区突显。

2.3.3 各地区水污染程度不同

按照经济发展水平，我国31个省（市、区）划分为东部、中部和西部3个区域①。从2010年东、中、西部地区累计废水排放总量来看，东部11个省（市、区）总计排放废水 331.8×10^8t，平均每个省（市、区）排放废水 30.2×10^8t；中部8省（市、区）总计排放废水 143.4×10^8t，平均每个省（市、区）排放废水 17.9×10^8t；西部12省（市、区）总计排放废水 120.1×10^8t，平均每个省（市、区）排放废水 10.1×10^8t。由此可见，东部地区无论从废水排放总量，还是各省（市、区）平均排放废水量都高于中部地区和西部地区，而中部地区又高于西部地区（图

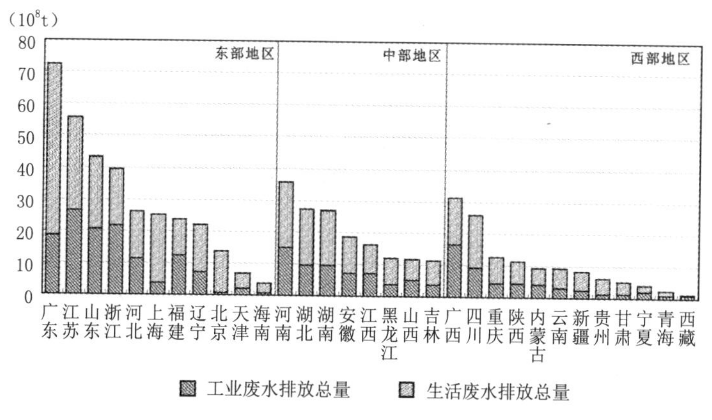

图2-6 2010年全国工业废水与城镇生活污水排放量对比

①根据国家统计局2003年东、中、西部地区划分标准：东部地区包括北京、天津、河北、辽宁、上海、江苏、浙江、福建、山东、广东和海南11个省（市）；中部地区包括山西、吉林、黑龙江、安徽、江西、河南、湖北、湖南8个省；西部地区包括四川、重庆、贵州、云南、西藏、陕西、甘肃、青海、宁夏、新疆、广西、内蒙古12个省（市、区）。

2–6)。从工业排放废水和生活排放废水的比例来看，全国的平均水平分别为36%和64%。

从各地区化学需氧量排放量来看，我国东部11个省（市、区）总计排放废水475.1×10^4t，平均每个省（市、区）排放废水43.2×10^4t；中部8个省（市、区）总计排放废水311.9×10^4t，平均每个省（市、区）排放废水40×10^4t；西部12个省（市、区）总计排放废水367×10^4t，平均每个省（市、区）排放废水30.6×10^4t。由此可见，从化学需氧量排放总量看，东部地区高于西部地区，西部地区高于中部地区；从各省（市、区）化学需氧量平均排放量看，东部地区高于中部地区，中部地区高于西部地区（图2–7）。从工业排放废水和生活排放废水的比例来看，全国的平均水平分别为32.9%和67.1%。

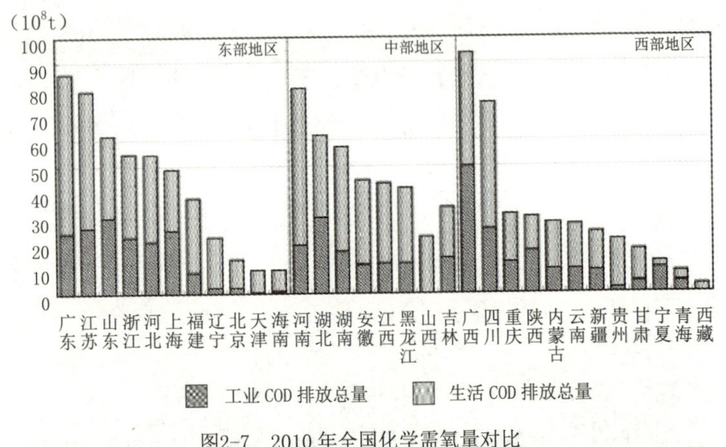

图2-7　2010年全国化学需氧量对比

中部地区的湖北省废水排放总量27.1×10^8t，在中部地区8省中排名第二，排在河南之后。其中工业废水和生活废水的排放比例分别为35.1%和64.9%。湖北省化学需氧量排放总量57.2×10^4t，在中部地区8省（市、区）中排名第三，排在湖南、河南之后。其中，工业废水和生活废水排放化学需氧量的比例分别为16.5%和40.7%。

3 武汉市水环境及其管理现状分析

3.1 武汉市水环境现状

3.1.1 武汉市水环境综述

武汉，位于江汉平原东部，地处东经 113° 41′ –115° 05′ ，北纬 29° 58′ –31° 22′ ，简称“汉”，现为湖北省省会，是中部唯一的副省级城市，华中地区最大都市及中心城市，中国长江中下游特大城市。世界第三大河长江及其最长支流汉江横贯市区，将武汉一分为三，形成武昌、汉口、汉阳三镇跨江鼎立的格局（图 3–1）。武汉是长江中下游地区重要的产业城市和经济中心，中国重要的文教中心，也是全国重要的交通枢纽。

2010 年，全市年平均降水量 1 494.8mm，属丰水年份，境内水资源总量 $76.62 \times 10^8 m^3$，过境水资源量 $7\,548 \times 10^8 m^3$。全市地表水环境质量稳定，集中式供水水源地水质良好。据统计，武汉市水域面积 2 205.06 km^2，占总面积的 25.79%，居中国首位（图 3–2）。

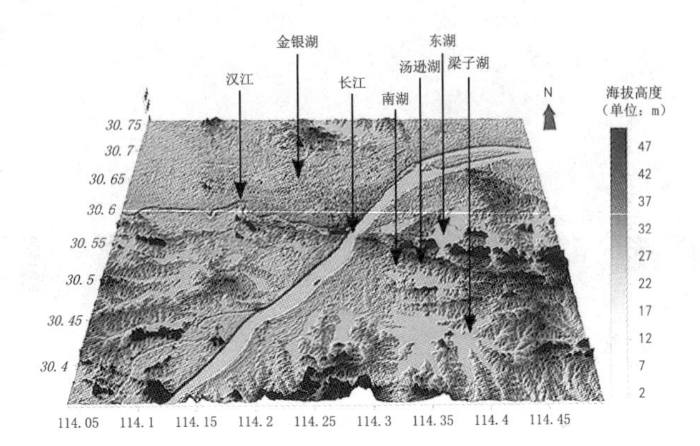

图3-1　武汉市数字地面模型（DTM）图

［资料来源:根据 Consultative Group on International Agricultural Research（CGIAR）世界研究中心提供的 SRTM 90M 数据绘制］

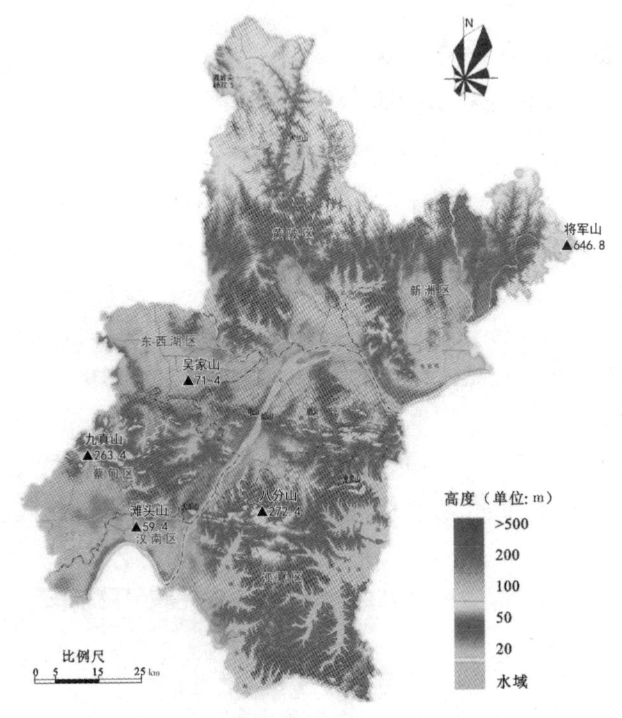

图3-2　武汉地形、水域分布图

［资料来源:《武汉市地理信息蓝皮书（2011）》］

武汉拥有长江和汉江以及东荆河、滠水河、界河、府河、朱家河、沙河、倒水河、举水河等长江支流。以城区为中心，以长江为主构成了庞大水网，保证了良好的生态环境。长江由汉南区进入武汉市，流向自西南向东北，到天兴洲又折向东南，在左岭附近又折向东北，在新洲区大埠出境，流程150.5km。长江武汉段水量大，年平均$7\,100\times10^8\mathrm{m}^3$，汛期长、水位变化显著，河道虽然平直，但有丘陵逼近江岸，控制河道，使河道受约束，淤积成了天兴洲、白沙洲等沙洲。长江武汉段最窄处位于武汉长江大桥下，宽1 100m；最宽处位于青山区，宽3 880m。汉江从蔡甸区进入武汉市，在南岸嘴注入长江，在武汉境内河道弯曲达22处。

武汉有“百湖之城”的美誉，现有大小湖泊170个，即城区湖泊41个，郊区湖泊129个，其中跨市、区湖泊9个（表3–1）。湖泊承雨面积在$5\mathrm{km}^2$以上的有65个。在正常水位时，湖泊水面面积为$942.8\ \mathrm{km}^2$，湖泊水面率为11.11%，居中国首位。各区湖泊数量由多到少为：蔡甸区49个、黄陂区23个、东西湖区20个、洪山区17个、江夏区17个、新洲区14个、汉阳区7个、江汉区7个、汉南区6个、武昌区4个、江岸区2个、硚口区2个、青山区2个。其中，东湖是中国最大的城中湖，湖岸线全长110多千米，水域面积达$33\ \mathrm{km}^2$，是杭州西湖水域面积的6倍。

表3–1　武汉市内主要湖泊的分布

分布城区	湖泊名称
江岸区	塔子湖、鲩子湖
江汉区	西湖、北湖、鲩子湖、机器荡子、菱角湖、后襄湖、小南湖
硚口区	张毕湖、竹叶海
汉阳区	月湖、南太子湖、北太子湖、莲花湖、墨水湖、龙阳湖、三角湖（跨蔡甸区）
武昌区	紫阳湖、四美塘、沙湖（外沙湖、内沙湖）、东湖－水果湖
青山区	戴家湖、杨春湖
洪山区	南湖、晒湖、野芷湖、杨春湖、东湖、严西湖、严东湖、汤逊湖（跨江夏区）、野湖、王家湖、竹子湖、青潭湖、青菱湖、北湖、车墩湖、五加湖、黄家湖（跨江夏区）

2010 年，武汉市以中心城区湖泊治理与保护为重点，加快滨水环境工程建设。具体措施有：推进"大东湖"生态水网构建工程；打造"两江四岸"滨江特色城市名片，形成总面积近 $340\times10^4m^2$ 的特色江滩；解决 44 万农村人口饮用水的安全问题；深入开展节水型社会试点工作；有序推进"清水入湖"截污工程，截断 6 个湖泊 14 个排污口，中心城区有 33 个湖泊实现全面截污；积极实施"一湖一景""一湖一策"工程建设，完成 228km 湖泊岸线生态固稳工程建设，着力对湖泊水质进行提档升级；加强取水许可、供用水管理及排渍保畅工作；积极推动污水处理设施和管网系统建设，中心城区污水处理能力新增 1.5 万吨 / 日，达 178.5 万吨 / 日，生活污水集中处理率达到 92%，远城区污水处理能力新增 21.5 万吨 / 日，各区均有一座污水处理厂投入运行；"爱我百湖"等公益行动广泛开展，广大志愿者积极呼吁莫让"公湖"变"私湖"，城市水环境已由单纯的专业人士关注转变为广大的社会大众齐关注，水环境保护理念深入民心。

武汉市陆生与水生生物资源丰富、种类繁多，众多的江河湖泊孕育多种生物环境，有利于动植物多样性的发育。据初步统计，野生动物共计 293 种，其中鱼类 96 种，两栖类 11 种，爬行类 16 种，鸟类 146 种，兽类 24 种。有白鳍豚、白鹤等国家一级保护动物，有江豚、鳖、鸳鸯、鸢、鹊鹞、白头鹞、鹗等国家二级保护动物。据不完全统计，全市蕨类和种子植物有 1 066 种，兼具南方和北方植物区系成分。

武汉市持续推进"两型社会"建设，积极贯彻落实最严格的水资源管理制度，深入开展城市水生态系统保护与修复工作，充分发挥亲江临湖优势，着力打造魅力生态水都，努力将其建设成为"生态环境优美、经济绿色高效、文化气息浓郁、人与自然和谐"的滨江滨湖现代生态新城。

3.1.2 武汉市水资源现状

3.1.2.1 水资源量

从境内水资源总量看，1956—2000 年，武汉市多年年平均水资源总量（不包括入境客水）为 $47.250\times10^8m^3$，其中地表水 $43.706\times10^8m^3$，地下水 $11.014\times10^8m^3$，二者重复计算量 $7.470\times10^8m^3$。全市平均产水模数 $55.8\times10^4m^3/km^2$。

根据武汉市 28 个雨量站 1956—2000 年资料统计，武汉市多年年平均降水量为 1252.1mm，折合水量 $105.94\times10^8m^3$。此外，降水量年内分配严重不均，6 月降水最多，约占全年降水量的 17%；12 月降水量最少，仅占全年降水量的 2%左右；5—7 月降水就占全年降水量的 45%左右；在农作物生长旺季的 3—10 月中，8—10 月降水仅为 5—7 月降水的 50%左右。

从境内地表水资源看，1956—2000 年，全市多年年平均天然径流量为 $43.706\,4\times10^8m^3$，换算成平均径流深为 516.2mm。受下垫面和前期干旱等因素的影响，年径流最大的年份不是降水量最大的 1983 年，而是 1991 年，径流量达 $90.162\,6\times10^8m^3$；年径流最小的年份为 1966 年，径流量为 $19.267\,4\times10^8m^3$。

从境内地下水资源看，全市平原区地下水依据含水介质、空隙性及水动力特征，分为第四系松散岩类孔隙承压水与碎屑岩类孔隙裂隙承压水两种。松散岩类孔隙承压水又分为全新统孔隙承压水和上更新统孔隙承压水。

从入境出境水资源量看，全市多年平均入境水资源量为 $7\,122\times10^8m^3$。其中，长江（包括汉江）$7\,047\times10^8m^3$，府环河 $36.36\times10^8m^3$，金水 $11.58\times10^8m^3$，滠水 $3.83\times10^8m^3$，倒水 $7.24\times10^8m^3$，举水（包括沙河）$16.22\times10^8m^3$。全市出境水以长江为总出口，总出境水量 $7\,141\times10^8m^3$。

3.1.2.2　区域水资源特点

武汉市水资源具有境内自产水有限、客水极为丰富、水资源时空分布不均、水旱灾害频繁的特点。

武汉市多年年平均降水量 $105.94\times10^8m^3$，自产水资源总量 $47.250\times10^8m^3$，人均水资源占有量 633 m^3，亩均占有量 1 449m^3(以 2000 年人口、耕地面积计)，人均水资源量相当于全国平均值 (2 200 m^3) 的 1/3 稍多，在省内排名倒数第一。但客水资源丰沛，入境客水多达

7 122×10^8m^3，是境内自产水的148倍，丰富的客水既为武汉市农业灌溉、城市生活和工业生产提供了充足的水源，同时也对城市防洪构成巨大压力。

水资源地区分布不均，沿江及平原地带水多，山区和丘陵岗地水少，平原区易涝，山丘区易旱。虽然雨热同期是武汉市乃至长江中下游地区水资源最突出的优点，但降水量和径流量主要集中在主汛期，汛期降水、径流占年总量的70%以上，且多以暴雨、洪水形式出现，不仅难以开发利用，还会造成洪涝灾害。

武汉市洪涝灾害大多数是由于长江、汉江持续高水位，伴随境内长历时、大范围的强降水而导致。如1954年、1969年、1983年、1991年、1998年等，都是极为恶劣的外洪内涝灾害。局部地区因排水不畅而产生的渍涝时有发生。武汉市干旱以伏旱和秋旱比较常见。1984年、2000年、2001年干旱范围较大，旱情较为严重。

3.1.2.3 水资源空间分布

武汉市位于长江中游干流、长江与汉江交汇处。根据长江水利委员会研究和湖北省水资源分区，武汉市分为3个水资源三级流域区：长江以南地区包括武昌区、洪山区、青山区和江夏区为长江城陵矶至湖口右岸三级区，总面积2 636 km^2；长江以北地区以汉江为界，包括汉阳区、蔡甸区、汉南区为汉江丹江口以下干流三级区，面积1 451 km^2；汉口城区及东西湖区、黄陂区和新洲区为长江武汉至湖口左岸三级区，面积4 381 km^2。

从1956—2000年的统计数据看（图3-3），如果按照行政区域划分，黄陂区水资源量最高，达到了12.57×10^8m^3，其次是江夏区，为11.6亿m^3。武汉市中心城区（包括江岸区、江汉区、硚口区、汉阳区、洪山区、武昌区、青山区）的水资源量为4.94×10^8m^3。从年平均降水量分布看，中心城区最高，达到了1 304.3mm，但和其他各个城区之间的差距不大；从地表水资源量来看，黄陂区地表水资源达到11.94×10^8m^3，占到区域内水资源总量的95%，无论是绝对量还是比例都是各区最高的，地表水占水资源总量比例最低的是中心城区，但该比例也达到了89%，可见，武汉市水资源的主要来源是地表水；从地下水资源补给量来看，黄陂区最高，达到每年 $2.85 \times 10^8 m^3$，中心城区则为每年 $1.1 \times 10^8 m^3$（图 3-4、图 3-5）。

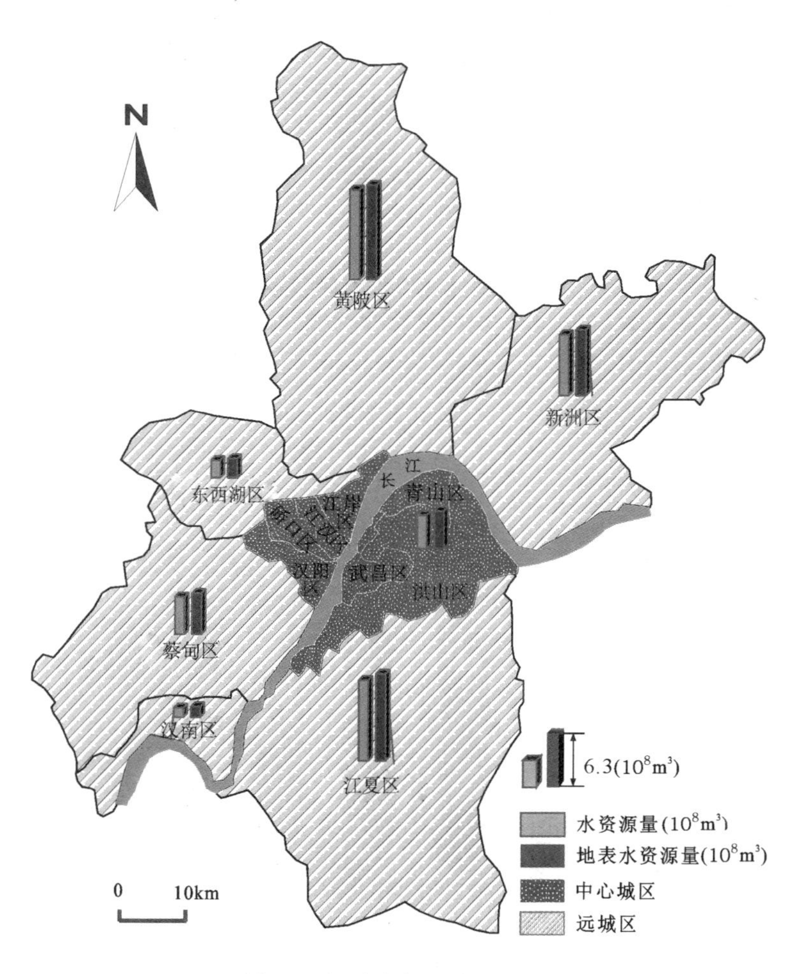

图3-3　武汉市水资源空间分布图
（资料来源：根据武汉市水务局统计数据绘制）

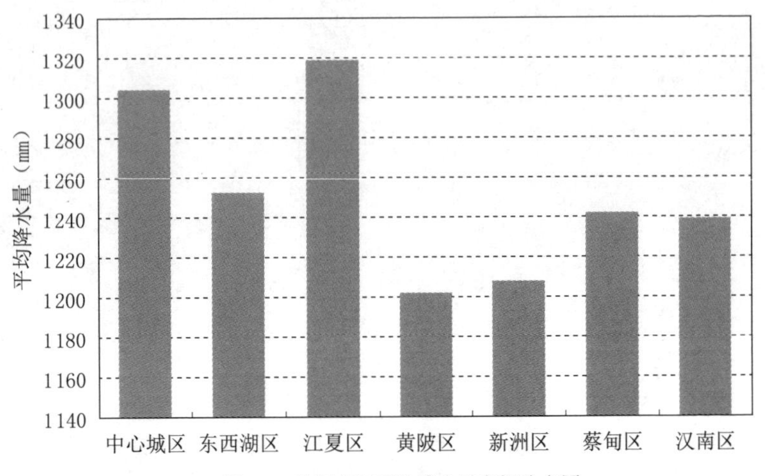

图3-4　武汉市年平均降水量空间分布图
（资料来源：根据武汉市水务局统计数据绘制）

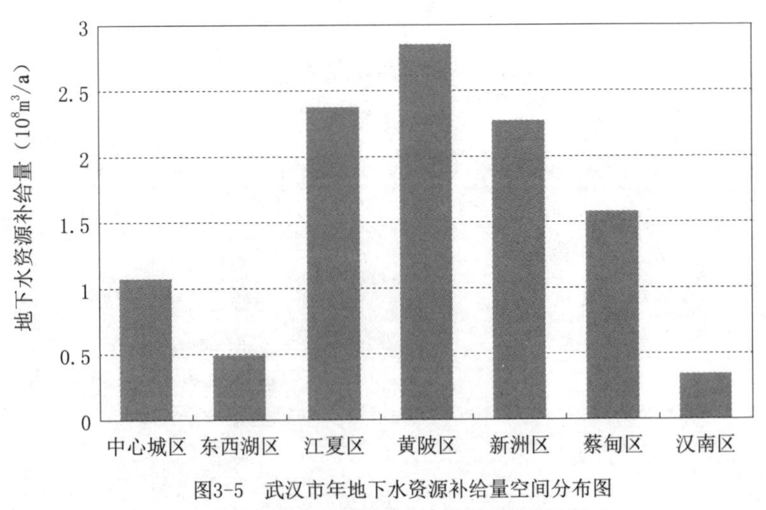

图3-5　武汉市年地下水资源补给量空间分布图
（资料来源：根据武汉市水务局统计数据绘制 ）

3.1.3 武汉市水质量现状

3.1.3.1 地表水水质

根据《地表水环境质量标准》（GB 3838—2002）对武汉市水质量进行评价。水质类别按从优到劣分Ⅰ、Ⅱ、Ⅲ、Ⅳ、Ⅴ 5 个类别（图 3-6）。

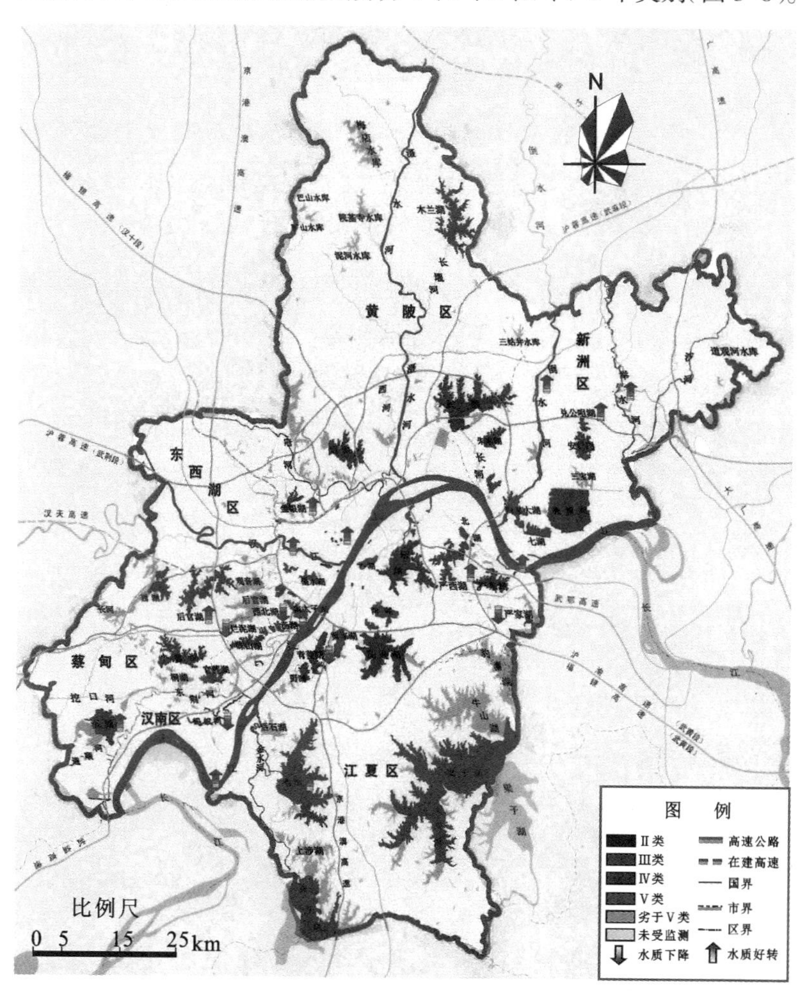

图3-6 武汉河流、湖泊水质现状及变化空间分布图

［资料来源:《武汉市地理信息蓝皮书（2011）》］

依据《武汉市水功能区划》，2010年对武汉市现状开发利用较高的或受关注程度较高的78个一级水功能区实施了水质监测，达标率为57.7%，水质监测结果表明全市地表水环境质量稳定（表3-2）。

表3-2　不同地表水水质现状对比

水质来源	水质现状
江河	•2010年，全市10条主要江河水质大部分较好，其中水质达到Ⅱ类的有长江、汉江、滠水、举水、沙河、倒水6条江（河）段，占60%；水质达到Ⅲ类的有金水、通顺河2条江（河）段，占20%；水质劣于Ⅲ类的是东荆河、府河河段。影响河流水质类别的主要项目是氨氮。14个一级水功能区有11个达到其水质管理目标，占78.6%。 •与2009年比较，江河水质稳定。受上游来水偏丰影响，Ⅱ类水质江（河）段有所增加
湖泊	•武汉市55个主要湖泊监测结果表明：水质达Ⅱ类标准的湖泊有2个，占监测湖泊数的3.6%，占监测湖泊面积的32.1%；水质达Ⅲ类标准的湖泊有17个，占监测湖泊数的30.9%，占监测湖泊面积的28.4%；水质达Ⅳ类标准的湖泊有17个，占监测湖泊数的30.9%，占监测湖泊面积的32.1%；水质劣于Ⅳ类标准的湖泊有19个，占监测湖泊数的34.6%，占监测湖泊面积的7.4%。55个一级水功能区有26个达到其水质管理目标，占47.3%，达标湖泊面积占监测湖泊面积的51.7%。影响湖泊水质类别的主要项目是总磷、总氮等。 •与2009年比较，江汉区西湖、武昌区四美塘等17个湖泊水质有所好转。中心城区湖泊实施水质提档升级成效明显。 •根据《地表水资源评价技术规程》（SL 395—2007）中湖库营养状态评价标准及分级方法，按营养轻重程度分为贫营养、中营养、轻度富营养、中度富营养、重度富营养。 •对武汉市55个主要湖泊营养状态进行评价，结果显示：呈中营养状态的有23个湖泊，占41.8%；呈轻度富营养状态的有15个湖泊，占27.3%；呈中度富营养状态的有17个湖泊，占30.9%。 •与上年比较，湖泊营养状态有所改善
水库	•全市9座大、中型水库水质均达到地表水环境质量Ⅲ类及以上标准。9个一级水功能区有8个达到其水质管理目标，占88.9%。 •与2009年比较，水库水质稳定
公共供水厂供水	•根据《生活饮用水卫生标准》（GB 5749—2006）对武汉市平湖门水厂、汉南区自来水厂等18座公共供水厂进行评价，其供水水质综合合格率达99%以上

（资料来源：武汉市水务局）

3.1.3.2 地下水水质

根据《地下水质量标准》(GB/T 14848—93)，对武汉市地下水水质进行综合评价显示，全新统孔隙承压水质量枯水期分极差、较差两级，以极差为主(94.12%)，丰水期分极差、较差、优良三级，以极差为主(88.24%);上更新统孔隙承压水质量枯水期分极差、较差二级，以较差为主(88.89%)，丰水期以较差为主(63.64%)，其次为优良、良好(均为18.18%);碳酸盐岩类裂隙岩溶水质量枯水期分良好、较差、极差三级，以良好、较差为主(均为40.00%)，丰水期分良好、较差、极差三级，以较差为主(50.00%)。影响地下水水质的主要组分是硫酸盐、总硬度、亚硝酸盐、锰等。

3.1.3.3 港渠水质

中心城区主要港渠水质监测结果表明:青山港、新民河、沙湖港、琴断小河及和平港水质相对稳定;墨南连通、巡司河、罗家港及黄孝河明渠水质较差。影响港渠水质类别的主要项目是化学需氧量、五日生化需氧量、氨氮。

3.1.3.4 污水处理厂出水水质

根据《城镇污水处理厂污染物排放标准》(GB 18918—2002)，沙湖、龙王嘴、二郎庙、黄浦路、南太子湖、汉西、新城(沌口)、汤逊湖、三金潭、黄家湖10座污水处理厂运行正常，各厂出水水质达到国家规定标准。全年共集中处理雨污水5.37×10^8t，处置污泥干泥量17.24×10^4t，削减化学需氧量8.26×10^4t。

2010年全市污废水排放总量6.71×10^8t，其中工业废水排放量3.13×10^8t，占46.6%;生活污水排放量3.58×10^8t，占53.4%。

3.1.4 武汉市废水排放情况

从武汉市2004—2010年废水排放总量来看，2005年相比2004年略有所下降，从2005年开始逐年上升。特别是2008年武汉市废水排放总量相比2007年上升幅度加大。2009年、2010年武汉市废水排放总量一直处于$78\ 300 \times 10^4$t以上的水平(表3-3)。

表3-3　武汉市2004—2010年废水排放情况统计表

年份（年）	2004	2005	2006	2007	2008	2009	2010
废水排放总量（10^4t）	72 144.70	65 665.27	65 746.34	66 283.20	78 858.80	78 435.06	78 376.66
工业废水排放总量（10^4t）	33 947.77	26 001.27	24 822.11	22 810.97	22 483.10	22 531.80	22 465.15
工业废水排放达标量（10^4t）	31 744.99	24 866.75	24 478.20	22 525.00	22 256.00	22 334.30	22 285.72
城镇生活污水排放量（10^4t）	38 196.93	39 664.00	40 924.23	43 472.23	56 375.70	55 903.26	55 911.51
工业废水占废水排放总比例（%）	47.1	39.6	37.8	34.4	28.5	28.7	28.7
工业废水排放达标率（%）	93.4	95.6	98.6	98.8	99.0	99.1	99.2
城镇生活污水占废水排放总比例（%）	52.9	60.4	62.2	65.6	71.5	71.3	71.3

从废水排放的组成来看，主要包括工业废水排放和城镇生活废水排放。根据2004—2010年的统计数据来看，武汉市2004年工业废水占废水排放总量比例高达47%；2005年开始，工业废水占废水排放总量比例逐渐下降；到2010年，这一比例为28.7%。相应地，武汉市城镇生活废水占废水排放总量比例逐渐上升（图3-7）。由此可见，近年来武汉

市城镇生活废水成为废水排放的主要来源。此外，根据2004—2010年统计数据看，工业废水排放达标率逐渐上升，2008年以后，达标率都在99%以上，可见武汉市工业废水的处理水平逐渐提高（图3-8）。

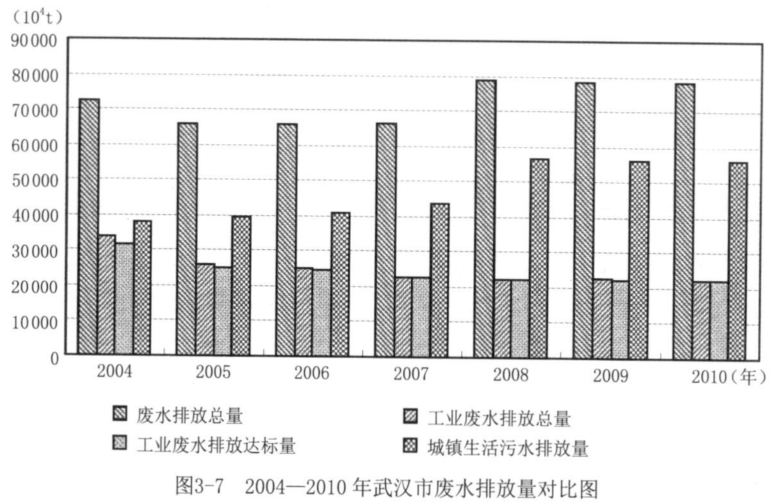

图3-7　2004—2010年武汉市废水排放量对比图
（资料来源：根据《中国环境年鉴2011》中统计数据绘制）

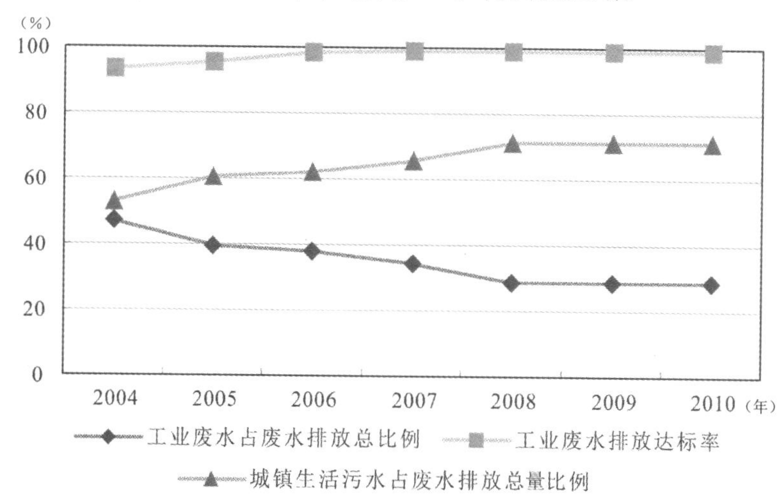

图3-8　2004—2010年武汉市工业废水与城镇生活污水排放量比例及工业废水达标率
（资料来源：根据《中国环境年鉴2011》中统计数据绘制）

3.2 武汉市与其他城市水环境比较

3.2.1 废水排放情况对比

为了将武汉市和其他城市废水排放情况进行对比，本书选取了杭州、重庆、上海、南京、广州、天津、石家庄、郑州、西安、成都、南昌、北京、济南、福州、长沙、哈尔滨、呼和浩特、贵阳、拉萨 19 个省会城市，将其各自 2010 年工业废水排放量及其所含污染物排放量进行对比（表 3–4）。

在 20 个省会城市中，工业废水排放量最高的是杭州市，其排放量达 $80\ 468 \times 10^4$t，远高于排在第二的重庆，武汉市工业废水排放量在 20 个省会城市中排在第六。从工业废水排放达标率看，呼和浩特市达到 100%，天津市排在第二，武汉市将 20 个省会城市中排在第六。

按照 20 个省会城市工业废水排放量大小进行分类，自然分界法（natural breaks /Jenk's method）是一种较为理想的简单分类方法。其原理是让每一组的均值和其他组均值之间的差别最小化，将相近的数值分到一组，尽量减小组内数字差异并尽可能保证组与组之间的差异[38]。基于 GIS 工具，按照自然分界法将 20 个省会城市 2010 年工业废水排放量划分为 5 个组:$45\ 180 \times 10^4$ ～ $80\ 468 \times 10^4$t、$23\ 586 \times 10^4$ ～ $45\ 180 \times 10^4$t、$13\ 484 \times 10^4$ ～ $23\ 586 \times 10^4$t、$5\ 594 \times 10^4$ ～ $13\ 484 \times 10^4$t、492×10^4 ～ $5\ 594 \times 10^4$t。武汉市处于第三组（图 3–9）。处于第三组的还有天津市和石家庄市。同样基于 GIS 工具，按照自然分界法将 20 个省会城市 2010 年工业废水中所含 COD 划分为 5 个组:47 468.1 ～ 87 312t、26 119.8 ～ 47 468.1t、13 251.9 ～ 26 119.8t、4 903.9 ～ 13 251.9 t、411.1 ～ 4 903.9t。武汉市处于第三组（图 3–10）。由此可见，无论是从工业废水排放量还是废水污染程度看，武汉市和其他省会城市相比都处于中间水平。

表3–4　2010 年主要省会城市工业废水排放污染情况对比

城市	工业废水		工业废水中污染物排放量（t）									
	排放量（10^4t）	达标率（%）	汞	镉	六价铬	铝	砷	挥发分	氰化物	COD	石油类	氨氮
杭州	80 468	96.88			0.27	0.13	0.008	0.136	0.1	87 312	18.8	1 558.8
重庆	45 180	94.73		0.069	3.582	0.094		1.35	0.4	86 549	221.2	5 440.1
上海	36 696	98.03	0.002	0.01	0.722	0.078	0.013	4.93	4.7	21 574.9	415.5	3 192.4
南京	33 784	95.20	0.001	0.032	0.916	0.849	0.017	4.505	2.5	26 119.8	252.6	1 233.2
广州	23 586	96.60		0.011	0.27	0.053	0.006	0.394	0.4	21 026.8	49.9	1 006.3
武汉	22 465	99.20		0.002	0.476	0.092	0.168	4.499	9	19 645	179.5	1 299.1
天津	19 680	99.95			0.078	0.002	0.022	1.519	0.1	22 217.7	97.2	3 196.8
石家庄	19 254	99.27			0.218			0.409	0.3	40 855.2	10.3	4 017.6
郑州	13 484	98.15			0.008			0.02		13 251.9	30.5	431.7
西安	12 330	95.70		0.002	0.094			0.012		35 526	67.3	2 412.9
成都	12 259	99.80		0.013	0.342	0.884	0.001	0.092	0.4	47 468.1	39.5	9 306.9
南昌	10 534	94.25		0.018	0.308	0.003		4.928	2.4	24 141.7	58.3	1 341.8
北京	8 198	98.76			0.022	0.016		0.11	0.1	4 882.3	57.6	392.1
济南	5 594	99.68			0.178			1.023	0.3	8 816.4	40	428.2
福州	4 933	94.95			0.193	0.12	0.004	0.071	0.1	4 510.8	31.9	513.2
长沙	4 343	91.20		0.097	0.126	0.056	0.336	0.119		4 903.9	21.3	256.7
哈尔滨	3 283	97.96		0.03	0.014	0.029		16.137		10 914	26	344.2
呼和浩特	2 637	100.00						0.236		2 853.4	9	368.9
贵阳	2 380	95.80		0.002	0.067	0.08	0.001	0.032		1 707	9.1	82.3
拉萨	492	44.11								411.1		2.7

（资料来源：根据《中国环境年鉴 2011》中统计数据绘制）

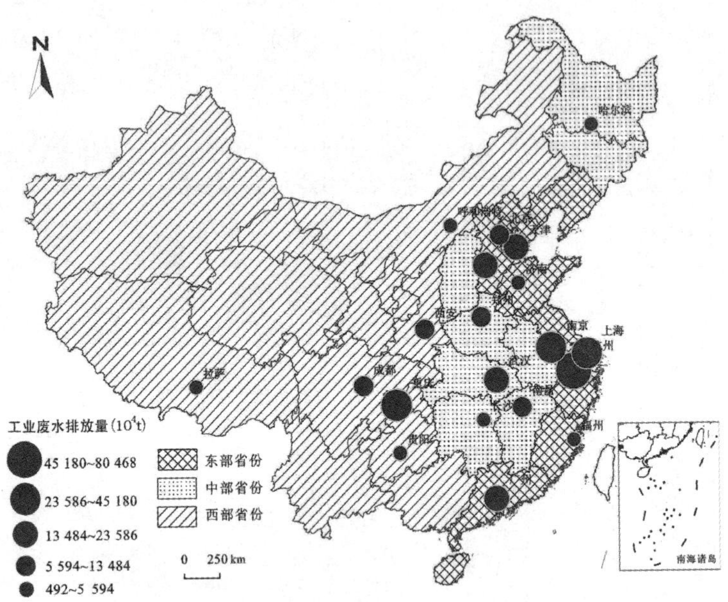

图3-9　2010 年全国部分省会城市工业废水排放量分布图

（资料来源:根据《中国环境年鉴 2011》中统计数据绘制）

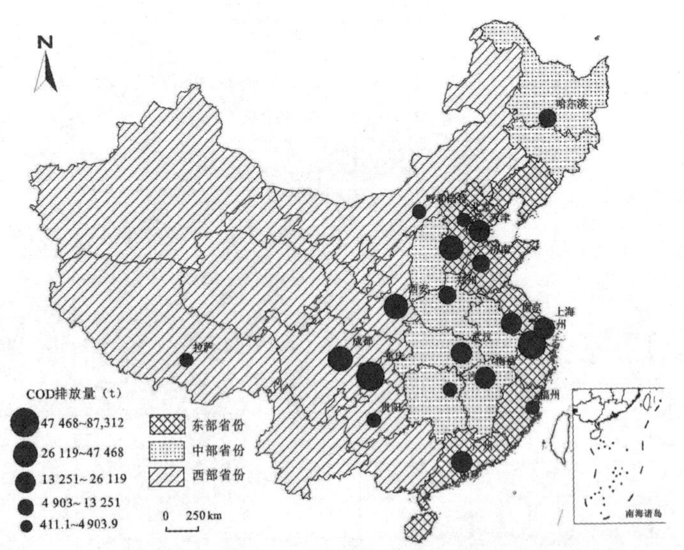

图3-10　2010 年全国部分省会城市工业废水化学需氧量（COD）排放量分布图

（资料来源:根据《中国环境年鉴 2011》中统计数据绘制）

3.2.2 废水治理情况对比

为了将武汉与杭州、重庆、上海、南京、广州、天津、石家庄、郑州、西安、成都、南昌、北京、济南、福州、长沙、哈尔滨、呼和浩特、贵阳、拉萨19个省会城市的废水治理情况对比，选取各城市2010年废水治理相关指标（表3-5）。

从废水治理设施数来看，拥有治理废水设施最多的是上海，有1 749套，武汉拥有套数仅为上海的1/7，在20个省会城市中排名第十五；从废水处理厂数看，成都最多，拥有85座，武汉有16座，在20个省会城市中排名第十；从废水处理量来看，上海排第一，年处理废水187 875 × 10^4t，武汉排第八，年处理废水54 708 × 10^4t。由此可见，武汉废水处理的能力和处理量有待加强。

表3-5　2010年主要省会城市废水治理情况对比

城市名称	废水治理设施（套）	废水治理设施治理能力（吨/日）	处理厂数（座）	处理能力（吨/日）	处理量（万吨）	处理生活污水量（万吨）	再用量（万吨）	费用（万元）
上海	1 749	5 101 233.8	52	6 853 677	213 929	187 875	1 255	124 975.4
重庆	1 498	2 206 841.4	79	2 314 000	67 899	66 926	724	83 471.5
成都	1 203	1 646 017.4	85	1 956 800	59 341	50 660	3 736	44 266.1
杭州	1 161	5 380 572.5	24	1 800 000	78 705	47 169	4 701	81 322.3
广州	1 012	2 550 760.5	19	3 615 000	93 497	88 521	1 169	53 133.6
天津	912	2 730 061	28	2 015 500	52 585	39 785	395	41 116.3
石家庄	905	2 691 091.3	24	1 646 666	42 932	29 940	1 088	20 465.8
南京	708	3 536 001.5	38	1 609 000	58 597	47 125	933	29 652.2
北京	481	1 698 186.5	68	3 702 505	114 625	111 229	26 451	100 341.4
福州	410	1 428 494	13	680 000	23 436	21 737	82	12 317.4
郑州	368	809 321	11	1 015 000	33 020	31 860	2 663	26 373.8
西安	346	442 281	11	1 100 000	23 115	22 212	407	6 433.9
贵阳	298	943 588.6	14	621 500	18 252	11 467	2 979	6 829.8
长沙	266	161 022.5	12	1 456 800	32 110	31 244	114	25 267.7
武汉	251	3 274 091.6	16	1 865 000	57 514	54 708	99	29 009.9
济南	230	1 612 956	15	732 000	21 871	21 080	1 374	20 297.8
南昌	219	725 206.3	4	940 000	28 254	27 543	0	7 184.2
哈尔滨	189	224 671.4	6	770 000	18 149	16 009	25	10 226.3
呼和浩特	56	169 976.5	5	268 500	7 792	7 306	484	4 874.1
拉萨	13	7 551						

同样按照自然分界法，按照20个省会城市处理废水设施数和处理废水量进行分组。基于GIS工具，按照自然分界法将20个省会城市2010年处理废水设施数分为5个组：1 203～1 749套、708～1 203套、368～708套、56～368套、13～56套。武汉市处于第四组（图3-11）。处于第四组的还包括西安、贵阳、长沙和济南等省会城市。

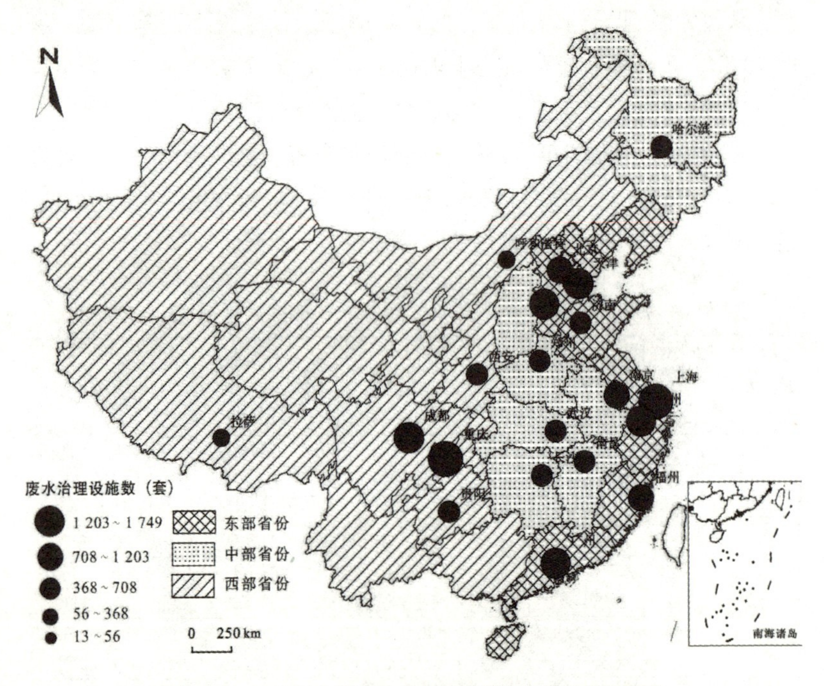

图3-11 2010年全国部分省会城市废水治理设施分布图

（资料来源：根据《中国环境年鉴2011》中统计数据绘制）

同样基于GIS工具，按照自然分界法将20个省会城市2010年废水处理量划分为5个组：114 625 × 10^4 ～ 213 929 × 10^4t、78 705 × 10^4 ～ 114 625 × 10^4t 、42 932 × 10^4 ～ 78 705 × 10^4t、23 436 × 10^4 ～ 42 932 × 10^4 t、7 792 × 10^4 ～ 23 436 × 10^4t。武汉市处于第三组（图3-12）。由此可见，无论是从废水处理设施数还是处理量看，武汉市和其他省会城市相比都有待提高和改善。

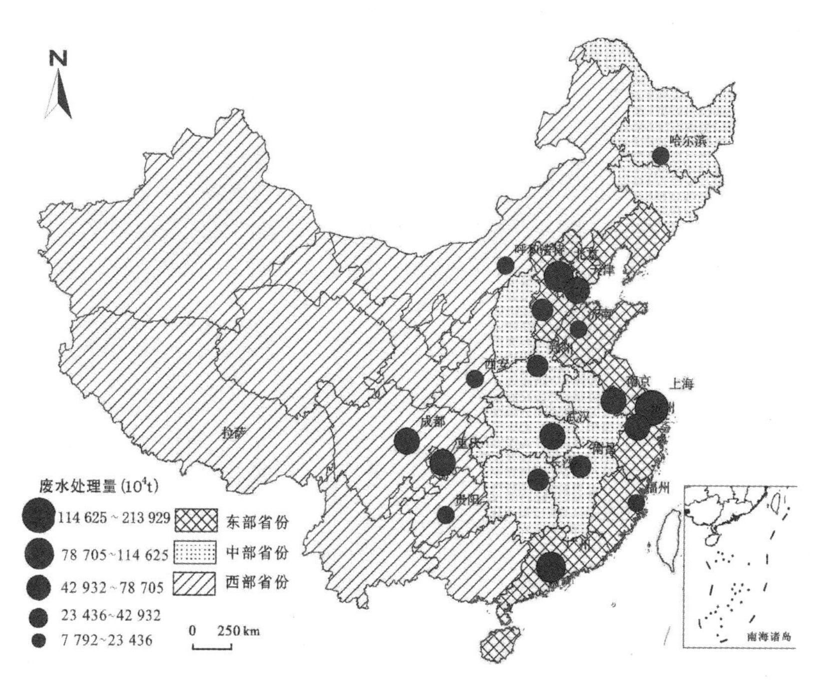

图3-12　2010 年全国部分省会城市废水治理设施分布图
（资料来源：根据《中国环境年鉴 2011》中统计数据绘制）

3.2.3 主要河流、湖泊水质类别对比

长江作为亚洲第一大河，其流域面积、长度、水量都占亚洲第一位。它发源于青藏高原唐古拉山的主峰各拉丹冬雪山。长江流域从西到东约 3 219 千米，由北至南 966 余千米。武汉是长江中下游地区重要的产业城市和经济中心，长江及其最长支流汉江横贯市区，将武汉一分为三。根据长江从上游（昌南地区）到下游（上海）流经的各城市中设立的水质观测站得到的水质观测结果（图 3-13），进入四川之前，除了楚雄的水质为Ⅲ级水质，其他都为Ⅰ级水质；长江流经四川的城市，水质都为Ⅱ级，流经重庆水质部分观测为Ⅰ级，其他为Ⅱ级；长江流经湖北，除了武汉水质观测为Ⅲ级，其他都为Ⅱ级；长江流出湖北后，除了在南京观测为Ⅰ级、上海观测为Ⅲ级以外，其他都为Ⅱ级。

由此可见，从长江源头到入海沿途经过的主要城市，武汉市观测水质处于较低水平，特别是在长江湖北段，武汉市是唯一一个观测水质为Ⅲ级的城市（图 3–14）。

从横贯武汉市的另一主要河流汉江的流经城市观测水质来看（图 3–15），汉江自山西汉中起源，水质为Ⅰ级，流入湖北直至流至武汉与长江汇合，沿途城市观测水质均为Ⅱ级。说明武汉汉江的水质相对长江水质要好。

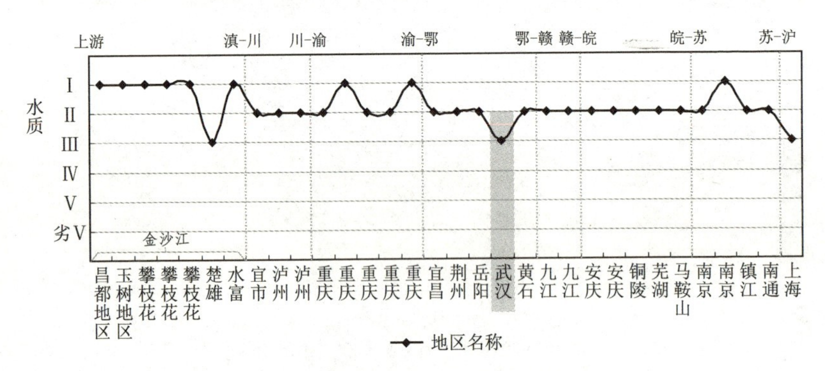

图3-13　长江流域不同城市水质分布图

（资料来源:根据《中国环境年鉴 2011》中统计数据绘制）

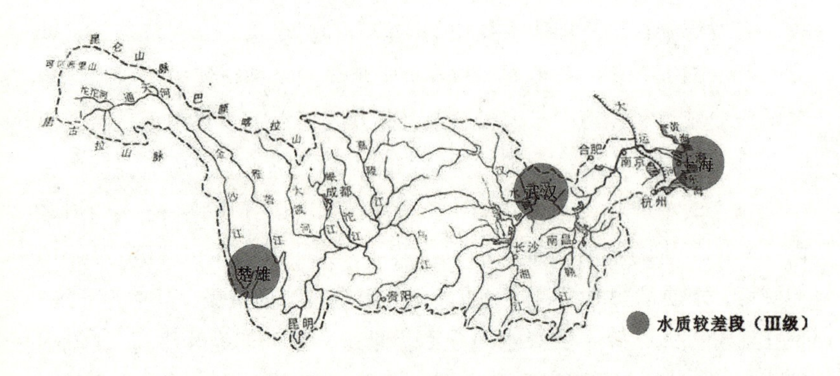

图3-14　长江水域全流域示意图

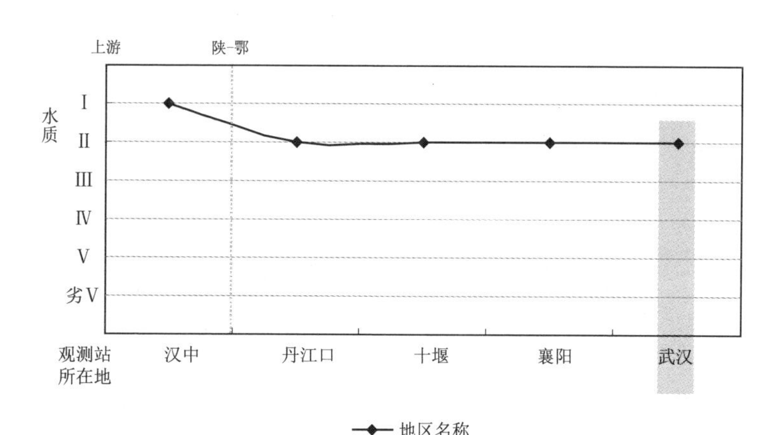

图3-15　汉水流域不同城市水质分布图

（资料来源：根据《中国环境年鉴 2011》中统计数据绘制）

武汉东湖位于武汉市城区的二环与中环之间，湖面面积 33 km²，是武汉市区内众多湖泊中湖面面积最大的湖泊，也是中国最大的城中湖。将 2010 年监测东湖水质和其他知名的城市内湖（南京的玄武湖、济南的大明湖、杭州的西湖和北京的昆明湖）进行对比（表 3-6）发现：5 个城市内湖中，东湖和昆明湖的水质为 IV 类，属于“适用于一般工业用水区及人体非直接接触的娱乐用水区”水质，虽然水质并不乐观，但略优于玄武湖的 V 类水质和大明湖、西湖的劣 V 类水质；5 个城市内湖中，东湖、玄武湖、大明湖、西湖都是轻度富营养状态，其中东湖综合营养状态指数为 57.4，处于最高水平，主要污染指数为总磷、总氮。由此可见，东湖水质的富营养现象较为严重。

表3-6　2010 年部分城市内湖水质量检测结果

湖库名称	综合营养状态指数	营养状态	水质类别	主要污染指数
东湖	57.4	轻度富营养	IV	总磷、总氮
玄武湖	56.2	轻度富营养	V	总磷、总氮
大明湖	51.7	轻度富营养	劣 V	总氮
西湖	51	轻度富营养	劣 V	总氮
昆明湖	36.4	中营养	IV	总氮

总体而言，武汉市水生态系统形势不容乐观，河流、湖泊均不同程度遭到破坏，且仍然呈恶化的趋势。从区域来看，中心城区劣于远城区；从不同水体来看，港渠劣于湖泊，湖泊劣于河流。

3.3 武汉市水环境管理现状

3.3.1 武汉市水环境法规建设与执法管理

3.3.1.1 水环境法规建设

2010年来,《武汉市湖泊整治管理办法》《武汉市水资源保护条例》陆续施行，这是继《武汉市湖泊保护条例》《武汉市湖泊保护条例实施细则》出台后对武汉水环境保护法规规章的强有力补充。这些法规规章与此前出台的《武汉市水土保持条例》《武汉市城市供水用水条例》《武汉市城市节约用水条例》等11部法规规章，在全国率先形成比较系统的涉水地方性法规规章体系，在加强湖泊保护与治理、推进水生态环境修复、促进全市水资源可持续发展等方面发挥出重要作用。

3.3.1.2 水环境执法管理

2010年，武汉市进一步加强对湖泊保护、水土保持、取水许可等方面的执法监督力度，落实河道采砂、供水、节水等涉水执法责任制，为维护涉水事务正常秩序提供保障。全年水政执法共出动巡查车辆5 000余台次，巡查人员1.5万余人次，查处水事违法案件100余起；水务110接处警5 000余件，回复“市长专线”督办件2 642件次，办结率均为100%。

大力开展打击非法采砂的“清江”执法行动8次，累计巡查2 162人次，查获非法采、运砂船只10艘，取缔非法采砂点68个。

实施河道清障拆违工作，累计出动8 765人次，拆除阻水建(构)筑物及其他设施3万余平方米，办理涉河安全管理许可96项。

加强湖泊巡查执法力度,执行24小时巡查和接处警制度,实行“湖长制”管理。

强化开发建设项目水土保持监督执法，对多起因开发建设项目造成的水土流失进行跟踪指导、调查处理。

组织堤防巡查 2 700 余人次，发现和制止涉水违法行为 8 起。

依据《武汉市城市排水条例》等法律法规，共处理各类违规事件 31 起，巡查里程共 6.36×10^4km。排渍期间出动巡查管理人员达 2 400 余人次，巡查里程 6.7 万余千米，制止并处置各类占压、危害排水设施的行为 50 余起。

根据《武汉市城市节约用水条例》的规定，下达《责令改正通知书》795 份，为用水户开展上门检查约 1 100 户次。同时，对中心城区 49 处大型城市公园开展园林绿化用水设施专项行政执法活动，对不符合节水灌溉要求的情况已责令整改。

3.3.2 武汉市水环境规划与监测

3.3.2.1 水环境规划与专题研究

2010 年，继续组织开展涉水规划与重要专题研究。《农田水利建设总体规划》通过市人大审议并获市发改委批复。《武汉市水资源综合规划(修编)》《武汉市水功能区划(修编)》等通过专家评审，待报市政府批准实施。《武汉水务发展“十二五”规划》《武汉城市圈“碧水工程”规划》《武汉市节约用水规划（2010—2020)》《武汉市水权交易研究》《全市供水规划及供用水应急预案》《武汉市梁子湖保护规划（2010—2014)》《武汉市东湖、后官湖、西湖水源地保护规划》《武汉市汤逊湖保护规划》《后官湖省级湿地公园总体规划》《南湖水环境综合整治规划方案》等多项规划及专项研究报告编制完成。

3.3.2.2 水环境监测评价体系

全面加强水资源、水环境、水生态监测系统建设，截至 2010 年，建成覆盖全市 13 个行政区的水量、水质、水生态的监测网络体系，其中，在线水量监测点 92 个，地表水、地下水水位监测点 44 个，水质监测点(断面)约 500 个，流动实验室 1 个，污水处理厂进出水实时监测点 10 个，水土保持固定监测点 6 个，开发建设项目动态监测点 20 个，水生生物监测点 46 个，为市水务系统的科学化、信息化、规范化管理奠定了基础。

3.3.3 武汉市水环境重点工程建设

3.3.3.1 水系网络构建

（1）“大东湖”生态水网构建工程。2007 年底，武汉市投资 30 多亿元，启动“大东湖水网”工程:以东湖为中心，通过涵闸、港渠从长江向沙湖水系和北湖水系引水，将沙湖、东湖、严西湖、严东湖、杨春湖、北湖 6 个湖泊连为一体，实现江湖连通（图 3-16）。

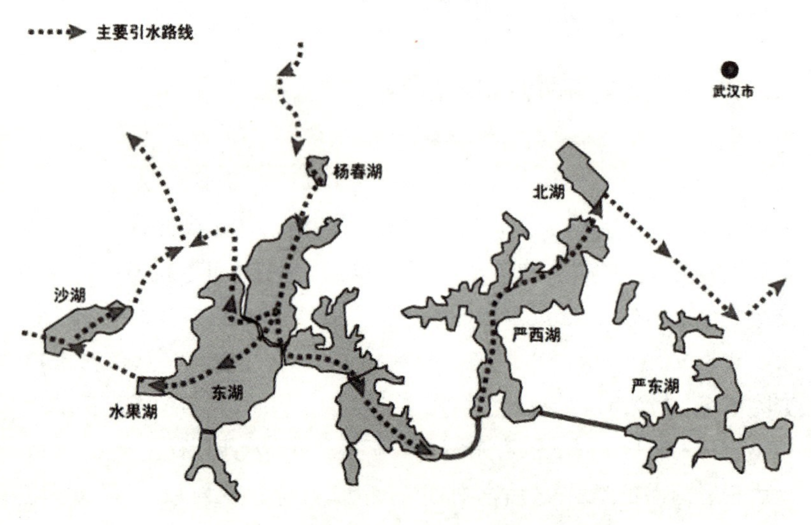

图3-16　武汉市“大东湖”生态水网示意图

（资料来源：http://www.chla.com.cn/upload/2009-09/090902085026681.jpg）

2010 年，“两型社会”建设重大启动项目“大东湖”生态水网构建工程取得突破。总投资 36 亿元的《武汉市“大东湖”生态水网构建水网连通工程可行性研究报告》通过国家审查，项目前期工作取得重大进展，完成征地移民及土地等专项调查，完成水网构建工程的可行性研究、环境影响评价、水土保持报告修改及征地移民规划大纲编制。杨春湖、官桥湖等综合治理工程相继启动。2011 年 9 月，作为大东湖生态水网建设的关键项目,武汉“东沙连通工程”完成。总长 1.7km 的人工河——楚河，将东湖和沙湖连接起来。

（2）汉阳地区生态水网修复工程。2010 年，继续实施汉阳地区生态水网修复工程。全年完成投资 2 320 万元，汉阳“六湖”连通工程最后段——明珠河工程基本完工，该工程连通龙阳湖与墨水湖，使汉阳地区生态水网雏形基本具备。龙新渠和龙阳湖环境综合整治工程已列入亚洲开发银行贷款武汉城市环境改善（三期）项目《武汉新区湖区整治工程》。

（3）东西湖区金银湖水环境综合整治工程。持续推进东西湖区水环境综合整治工程。该整治工程已纳入武汉市城市生态保护项目范围，其金银湖岸线固化工程规划方案、生态固稳项目建议书已编制完成，并签订施工合同，完成清淤近 $20\times10^4m^3$。

（4）蔡甸区江湖连通工程。2010 年，积极推动蔡甸区江湖连通工程。重点建设的蔡甸区莲花湖治污工程于 6 月开建，主要实施湖堤两岸清淤、铺设截污管道并与城市主污水管道连接等工程。该工程实施后能有效收集沿湖污水、改善莲花湖水质及周边环境。

（5）楚河汉街工程。2011 年 9 月 30 日开业的楚河汉街是武汉中央文化区一期项目重要内容。项目规划面积 1.8 km^2，总建筑面积 $340\times10^4m^2$，是万达集团投资 500 亿元人民币打造的以文化为核心，兼具旅游、商业、商务、居住功能的世界级文化旅游项目。楚河汉街不仅是商业项目，更是城市历史文化和生态景观工程，经济、社会综合效应显著。“楚河”贯穿武汉中央文化区东西,是文化区的灵魂。“楚河”全长 2.2km，连通东湖和沙湖，是国务院批准的中部最大城市武汉市“六湖连通水网治理工程”的首个工程（图 3–17）。

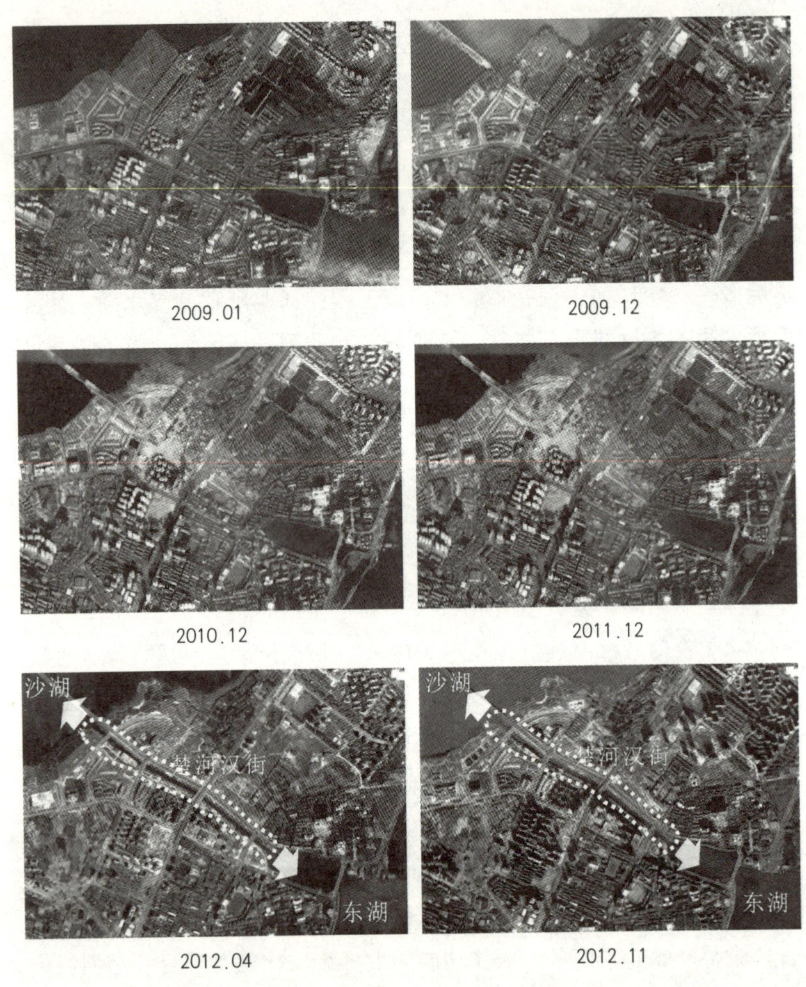

图3-17 “楚河汉街”及其附近不同时期的卫星影像
（资料来源：笔者根据 Google Earth 资料整理得到）

3.3.3.2 湖泊治理与环境整治

（1）湖泊截污工程建设。2010 年续建“清水入湖”截污工程，基本完成东湖、龙阳湖、汤逊湖、南湖、黄家湖、严西湖 6 个湖泊 14 个排污口的截污，建设管网 10.876km。至此，中心城区有 33 个湖泊实现全面截污，累计截断入湖排污口 290 余个，新建管网 172.9km，截流入湖污水约 60 万吨 / 日。其中东湖截污已截断入湖排污口 72 个，建设管网 20 余千米，建成 8 座污水提升泵站、10 座污水分散处理设施，截流入湖污水约 13.3 万吨 / 日。

（2）湖泊景观建设。2010 年，继续实施“一湖一策、一湖一景”工程建设。对张毕湖、竹叶海、北太子湖等 15 个湖泊实施环湖路建设，共建成亲水步道 61km。对张毕湖、竹叶海、金湖、银湖等 21 个湖泊实施岸坡整修，治理长度约 14km。对张毕湖、竹叶海、金湖、银湖、沙湖等 22 个湖泊公园规划绿线范围内的岸边垃圾渣土和湖面垃圾已进行了全面清除。

2010 年 11 月，武昌区沙湖公园开建。根据《沙湖公园景观工程总体平面方案》，沙湖公园作为“大东湖”生态水网构建工程的重要节点，该工程内容包括湖底清淤和生态修复等，以恢复历史上的“琴园”景观，并沿湖岸线重塑当年“沙湖十六景”中的“琴堤水月”“雁桥秋影”等新十景，建成后公园总面积将达 3.67 km^2。

（3）中心城区湖泊生态修复。2010 年继续实施中心城区湖泊生态修复工程。完成沙湖清淤量 $105 \times 10^4 m^3$，启动官桥湖、晒湖、菱角湖、龙阳湖等湖泊污泥清除工程。全年采取休克疗法、环保疏浚等措施，实施湖泊底泥清淤，共清除污染底泥约 $300 \times 10^4 m^3$。

对小南湖、紫阳湖、四美塘等湖泊采取生态引水、滨水区绿地建设、湖泊岸线治理、人工湿地、人工浮岛、水生植被恢复、生物治理等措施，改善湖泊生态环境。

2010 年，江汉区小南湖实施水体生态修复工程建设。该湖进行清淤翻晒、曝气增氧、种植水生植物、生物浮岛等生态修复技术，总种植面积达 1.8 余万平方米，种植各类水生植物 50 万余株（芽）；挺水、浮叶、沉水植物不仅可净化水质、丰富湿地植物的多样性，而且可凸显出水体唯美的景观效果。

2010 年 11 月，启动南湖丽岛花园至幸福村段的一期示范整治工程建设。南湖汇水面积44.7 km^2，岸线长23km，根据《南湖水环境综合整治规划方案》，该工程内容包括污水全收集全处理、污泥清除、水生态修复、岸线整治等，将与“大东湖”生态水网相连，使南湖形成水清景美，集观景、休憩、娱乐等于一体的城中湖景观。

3.3.3.3 污水处理设施建设

2010年继续推进污水处理设施和管网系统建设。中心城区污水全收集全处理项目取得积极进展;远城区城关镇已建成一座污水处理厂并投入运行。

2010年，中心城区建成的12座污水处理厂的处理能力达178.5万吨/日（其中达到二级处理能力的有10座），污水处理能力新增1.5万吨/日，生活污水集中处理率达到92%;远城区各区均有1座污水处理厂运行，污水处理能力新增21.5万吨/日;全市有14座小型分散污水处理设施，处理能力达4.6万吨/日。沙湖、水果湖、杨春湖等重点区域新增污水管网116km。龙王嘴、汤逊湖、三金潭、黄家湖、二郎庙5处大型污水处理厂通过亚行贷款11.91亿元进行升级改造。蔡甸、黄陂前川等6座远城区污水处理厂全部投入运行，污水管网覆盖率达50%以上。截至2010年，全市建设污水收集管网累计达820km，污水提升泵站31座，武汉市污水处理厂基本实现满负荷全天候运行。

进一步推广中水回用项目建设。三金潭、汉西污水处理厂均启动中水回用项目，污废水处理量达1 000吨/日;百威（武汉）国际啤酒有限公司投资480万美元，引进国际先进的上流式厌氧硫化床污水处理新工艺，处理量约4 000吨/日。已建成中水回用项目的有武钢、东风本田汽车厂、湖北保利白玫瑰大酒店等工业企业及绿景苑等居民小区，其中水主要用于冲洗、绿化及其他生产用水等，产生的经济、环境效益显著。

3.3.3.4 滨江滨渠综合整治

（1）滨江防洪与水环境综合整治。“两江四岸”防洪及环境综合整治工程已形成总长37.6km、面积约$340 \times 10^4 m^2$的绿色滨水空间。

武汉江滩正发展成为具有浓郁人文、休闲游乐、生态特色的经济发展带和城市景观带。

2010年，续建青山、武昌、汉阳、汉江江滩防洪及环境综合整治工程。青山江滩一期工程投资6 000万元，从中港二航局第六工程分公司至华兴水泥厂段长1.675km，于2010年5月完工。武昌江滩堤防改建工程投资5 700万元，全长2.155km，种植色块10 000m^2，于2010年11月建成。汉阳江滩完成拆迁和吹填、护岸以及厢式管理房3个标段的招标，其防洪工程已全线开建。汉江硚口区东风厢式墙至古田二路段防洪及环境综合整治工程完成项目可行性研究报告。

“两江四岸”防洪及环境综合整治累计投资约30亿元，已建成的汉口、武昌、汉阳、青山江滩等，岸滩绿化率达80%以上。汉口江滩正逐步形成展示武汉市建设成果的“两型社会”集中展示区，太阳能并网发电系统、雨水及节水灌溉系统等6个展示平台已建成并通过验收;汉口江滩每年吸引的中外游客超过2 000万人次，中央电视台新闻频道、凤凰卫视、武汉电视台等电视媒体给予了积极关注，江滩城市名片形象广泛彰显。

（2）排水设施建设与港渠整治。2010年，投资约10亿元，新建排水管网122km。累计新建、改造社区排水管网约714.8km，惠及400多万居民。全年市行政中心、武车路、雄楚大街阳光在线等尾水工程完工;二七横路、中新路排水工程，新生路、前进路泵站连通箱涵，夹套河、额头湾明改暗等工程取得阶段性进展;常青泵站二期、杨泗港泵站改扩建的主体工程基本完工。

依托《武汉市城区主要明渠建设和保护规划》，全力实施港渠综合整治。积极推进巡司河整治工程，对巡司河华中科技大学武昌分校区段全长1.5km进行综合整治，完成拆迁约1.03×10^4m^2，河道支护桩施工112km，征地18.36亩;结合武汉大道景观建设，成立黄孝河综合整治工程指挥部，完成近、远期结合的综合整治实施方案，黄孝河沿线拆迁已启动;完成董家明渠明改暗、新沟渠治理等工程。

截至2010年，城市排水系统已形成22个排水水系和6 038km排水管网，其中 1 194km 箱涵、302km 明渠、4 542km 管道。

（3）中小河流综合整治。2010 年，启动黄陂滠水等中小河流综合整治工程，完成中央投资 1 150 万元。其中，滠水河滠口河段综合整治工程于年内基本完工，主要实施滠水下游东西堤共 8km 的堤防加固、滨水环境整治等工程，保障 52 万人、45 万亩耕地的安全；同时，武汉黄陂区联合孝感大悟县、黄冈红安县签订滠水河流域生态保护“联合宣言”，携手修复滠水流域生态环境并取得进展，共同编制的《滠水河流域水环境综合整治规划》已获省发改委审批。

3.3.3.5 湖泊湿地保护

蔡甸区后官湖、江夏区藏龙岛省级湿地公园正式获湖北省林业厅批准建立，武汉市新增两个省级湿地公园。

截至 2010 年，武汉市湿地总面积达 503.7 万亩，约占其区域面积的 39.54%，是全国内陆湿地资源最丰富的特大城市之一，享有“湿地之城”美誉。其中已有 5 个湿地自然保护区和 3 个湿地公园，5 个湿地自然保护区即蔡甸区沉湖、新洲区涨渡湖、黄陂区草湖、汉南区武湖、江夏区上涉湖，3 个湿地公园即洪山区东湖、东西湖区杜公湖、金银湖。这些被誉为“城市绿肺”的自然保护区，正在成为珍稀鸟类越冬、栖息的乐园，现栖息着约 293 种野生动物，生长着约 408 种高等植物。

2010 年，武汉科技大学绿联社启动“2010 湿地使者行动”，于 7 月前往新洲区涨渡湖湿地自然保护区，用手绘制“绿地图”，向人们诠释湿地的美。该活动是由世界自然基金会和国家林业局湿地保护管理中心等单位共同发起的大型公益环保项目，旨在支持和鼓励高校环保社团及全社会参与湿地宣传与保护。

蔡甸沉湖湿地被 WWF（World Wildlife Federation，世界野生动物协会）列为“湿地有效管理示范项目”，获 50 万元资金用于建设湿地观鸟长廊、科普园等。

3.3.3.6 水土保持与生态环境建设

2010年继续加强水土保持基础工作建设。武汉市投资460万元，完成新洲区毛镰冲、黄陂区西冲河等6条小流域水土流失综合治理，治理水土流失面积20 km^2。发布《武汉市水土保持公报》，开展《武汉市水土保持规划》修编工作，举办《武汉市水土保持条例》颁布实施一周年等活动。

2010年完成堤防整险维护工程40项，总投资1 770万元。水利堤防基本建设项目22个，完成堤防工程投资410万元，新增标准堤段建设28km，新植护堤护岸林木约26万株。

2010年，解放公园被国家住房和城乡建设部批准为“国家重点公园”，该公园总面积$46 \times 10^4 m^2$，以人工生态湿地系统、植物群落丰富为亮点入选。武汉现共有黄鹤楼、中山公园、解放公园3家国家级公园。

4 武汉市水环境主要现存风险问题及成因分析

4.1 武汉市水环境主要现存风险问题分析

4.1.1 中心城区湖泊水面积及湖泊数锐减

由于武汉市区有数百湖泊星罗棋布，因此被称为“江城”“百湖之市”“梦里水乡”。然而，据武汉市水务局的资料显示:20 世纪 80 年代以来，武汉市的湖泊面积减少了 228.9km^2。近 10 年，武汉中心城区湖泊面积由原来的 9 万余亩缩减为 8 万余亩，净减少面积数千余亩。从湖泊数量看，新中国成立初期，武汉市 7 个主要城区大小湖泊就达 127 个，目前仅剩下 38 个，总数已不及 50 年代初的 1/3。这意味着，近 50 年来，共有近百个湖泊已经消失。

曾忠平和卢新海曾作过专题调查和研究分析:从 1991 年至 2002 年，仅这 11 年时间里，武汉主城区湖泊水域消失近 25%，遭蚕食的湖泊面积近 40 km^2, 年均减少近 4 km^2。其中，汉口湖泊的减少率最高，达 29%，而武昌由于湖泊的总面积较大，减少的湖泊面积总量也就最大，达 23 km^2，居三镇之首。另外，汉口的后襄河、北湖、菱角湖、鲩子湖，武昌的内沙湖、水果湖、晒湖、四美塘 8 个湖泊面积急剧减小，减少幅度超过 35% [39]。

据《武汉地理信息蓝皮书》披露，截至2006年底，武汉市城市建设总面积从1986年的220余平方千米，增加到455余平方千米，整整扩大了1倍有余。与此同时，武汉市湖泊面积与数量不断减少。其中经合法审批的填湖占53.3%，非法填湖占46.7%。武汉人为之自豪的东湖，20年减少了1 094亩，相当于减少了现在的12个汉口西北湖。武昌区的晒湖，现在已变成了干涸的小泥塘。

武汉市区很多与湖有关的地名随着对应湖泊的消失，现状仅仅只剩下一个带“湖”的抽象名字，如“杨汉湖”“范湖”等（图4-1、图4-2）。

除了湖泊大量减少外，一些原本湖面广阔的湖泊也日渐“缩水”。Wu和Xie在2011年对武汉三镇主要湖泊1989年、2000年和2009

图4-1　被填埋中的湖泊
（资料来源：楚天都市报，2010.06.02，A04-A08）

图4-2　湖泊被填埋后和被填埋前的照片对比
（资料来源:楚天都市报，2010.06.02，A04-A08）

年 3 个时间段的湖泊面积进行了统计（表 4-1）。基于这些统计数据，研究发现被统计的 27 个湖泊在 1989—2009 年 20 年间全部存在“缩水”现象，平均缩水比例为 45.5%。其中位于汉口的湖泊缩水最为严重，位于汉口的 10 个湖泊平均缩水比例为 58.5%，其中竹叶海更是几乎消失殆尽;位于武昌的 10 个湖泊平均缩水比例为 44.2%，仅次于汉口;位于汉阳的 7 个湖泊平均缩水比例为 29%（图 4-3）。附件 2 列出了武汉市中心城区湖泊近 10 年不同时期的卫星图像的对比。

表4–1　武汉市27个湖泊面积（1989—2009年）　　(单位:km^2)

城区	湖泊名称	1989年	2000年	2009年
汉口	张毕湖	52.92	45.96	35.59
	竹叶海	50.16	27.54	0
	北湖	9.04	5.8	4.59
	西湖	18.87	10.16	6.61
	小南湖	19.52	17.14	9.47
	鲩子湖	19.17	11.57	10.55
	塔子湖	98.36	68.2	31.45
	机器荡子	16.89	11.16	9.67
	菱角湖	24.95	17.64	9.37
	后襄湖	29.11	12.5	9.25
武昌	紫阳湖	28.56	28.35	18.08
	四美塘	24.16	11.26	10.92
	杨春湖	140.95	140.9	46.57
	南湖	1 527.92	1 481.26	937.1
	野芷湖	257.98	237.85	207.91
	东湖	3 618.71	3 575.6	3 309.98
	内沙湖	28.56	13.1	6.05
	外沙湖	555.66	473.62	289.86
	水果湖	15.72	13.79	13.78
	晒湖	62.84	24.01	13.85
汉阳	月湖	101.48	99.29	77.02
	莲花湖	14.11	10.63	8.95
	龙阳湖	451.52	439.97	425.9
	北太子湖	193.15	158.86	89.71
	南太子湖	589.48	412.08	353.91
	墨水湖	222.87	191.46	185.02
	三角湖	333.52	293.99	246.74

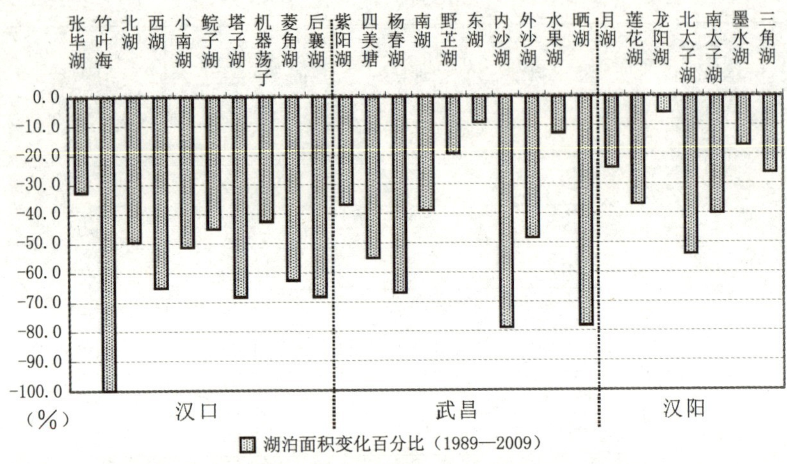

图4-3　武汉市27个湖泊面积变化百分比(1989—2009年)

曾仅次于东湖的第二大“城中湖”——沙湖，因为大面积遭填占、严重污染和淤塞，近10年也日渐萎缩。20世纪60年代末，沙湖水域尚有3 200亩左右。到了20世纪90年代，为了修建长江二桥而拓宽中北路、徐东路，部分沙湖水面被填。而近10年来，随着友谊大道的修建和周边的房地产开发热潮，一些单位盖办公楼，几乎填占了沙湖的一半水域(图4-4)。

4.1.2　中心城区湖泊水面积污染严重

当前，武汉市中心城区的湖泊除了少数还承担养殖功能，大部分都主要承担调蓄和作为城市公园为市民提供休闲、娱乐公共空间的景观，是城市形象的重要窗口(表4-2)。然而，中心城区湖泊及主要排水港渠污染、淤积严重。目前已开展监测的58个湖泊中有48个湖泊未达到水功能区水质管理目标要求，其中现状水质劣于Ⅳ类的湖泊有37个，主要分布在中心城区，部分城郊结合部湖泊、水利风景区水库的水质也有恶化趋势。由于部分入湖排污口未截污，沿湖部分水污染企业和居民单位的工业与生活污水直接入湖，边治理边污染现象仍然存在。主要排水港、渠淤塞严重，重点易渍地区渍涝灾害频繁;港渠

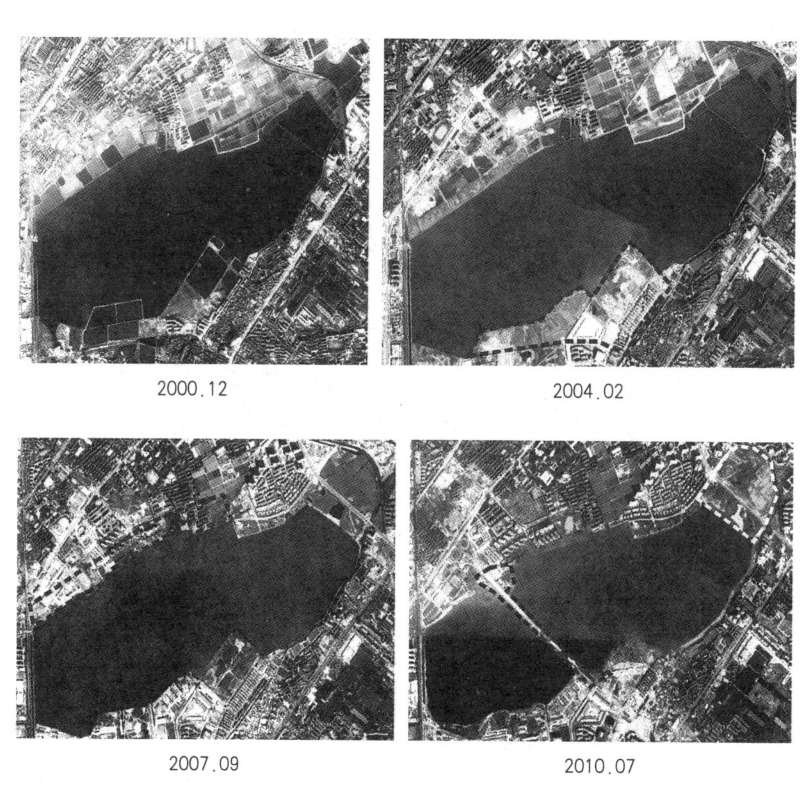

图4-4 沙湖不同时期卫星图片对比

注:图中虚线表示变化区域。

(资料来源:Google Earth 不同时期卫星图片)

水体岸线侵占严重，影响滨水区的共享性;大规模填湖现象虽然得到遏制，但由于湖泊权属、经济利益驱动等原因，填占侵害湖泊现象仍有发生。

表4–2 武汉中心城市湖泊功能表[40]

<table>
<tr><th colspan="2" rowspan="2">区位</th><th rowspan="2">湖泊</th><th colspan="2">综合功能</th><th rowspan="2">主要景观功能</th></tr>
<tr><th>当前功能</th><th>应有功能</th></tr>
<tr><td rowspan="20">城区</td><td rowspan="12">汉口</td><td>喷泉公园</td><td></td><td rowspan="2">城市公园、调蓄</td><td rowspan="20">城市公共空间</td></tr>
<tr><td>西湖</td><td rowspan="2">调蓄、城市公园</td></tr>
<tr><td>北湖</td><td></td></tr>
<tr><td>小南湖</td><td></td><td rowspan="2">城市公园、调蓄</td></tr>
<tr><td>菱角湖</td><td></td></tr>
<tr><td>后襄河</td><td>调蓄</td><td></td></tr>
<tr><td>鲩子湖</td><td rowspan="2">调蓄、城市公园</td><td>城市公园、调蓄</td></tr>
<tr><td>塔子湖</td><td>活动中心、调蓄</td></tr>
<tr><td>张毕湖</td><td rowspan="2">调蓄、养殖</td><td rowspan="2">城市公园、调蓄</td></tr>
<tr><td>竹叶海</td></tr>
<tr><td>紫阳湖</td><td></td><td></td></tr>
<tr><td>四美塘</td><td>调蓄、城市公园</td><td></td></tr>
<tr><td rowspan="6">武昌</td><td>水果湖</td><td></td><td></td></tr>
<tr><td>内沙湖</td><td rowspan="2">调蓄</td><td>城市公园、调蓄</td></tr>
<tr><td>晒湖</td><td></td></tr>
<tr><td>杨春湖</td><td>调蓄、城市公园、养殖</td><td></td></tr>
<tr><td>外沙湖</td><td>调蓄、养殖</td><td></td></tr>
<tr><td>戴家湖</td><td>调蓄</td><td></td></tr>
<tr><td rowspan="2">汉阳</td><td>月湖</td><td>调蓄、城市公园、养殖</td><td>公共中心、生态、城市公园、调蓄</td></tr>
<tr><td>莲花湖</td><td>调蓄、城市公园、度假</td><td>城市公园、度假、调蓄</td></tr>
<tr><td rowspan="4">跨城乡</td><td rowspan="2">武昌</td><td>东湖</td><td>调蓄、风景区、养殖</td><td rowspan="2">风景区、城市生活</td><td rowspan="4">风景区</td></tr>
<tr><td>南湖</td><td>调蓄、养殖</td></tr>
<tr><td rowspan="2">汉阳</td><td>龙阳湖</td><td rowspan="2">调蓄、风景区、养殖</td><td rowspan="2">岸线、生态、调蓄</td></tr>
<tr><td>墨水湖</td></tr>
</table>

从2011年的水质检测数据看，武汉市中心城区25个城市湖泊中，有11个水质为劣Ⅴ类，另有6个水质为Ⅴ类，8个水质为Ⅳ类（附件1显示了不同水质类别对应的级别）。此外，从湖泊的综合污染指数来看，武汉市中心城区湖泊的污染指数，除了北太子湖、严西湖和东湖

在 7 及以下外，其他湖泊特别是一些位置靠近城市中心的湖泊污染指数较高，例如外沙湖的污染指数高达 45.81（图 4-5）。

图4-5 武汉市中心城区湖泊综合污染指数空间分布
（资料来源：根据武汉市水务局公布的湖泊水质数据，利用 ArcGIS 工具绘制）

据武汉市《楚天都市报》的报道[41]，武汉市晒湖附近的老居民记忆中的晒湖不仅大，而且美，盛产鱼和莲藕。老人记忆中的晒湖水清澈明净，水中游鱼往来嬉戏，湖边空气清新，市民经常去散步。如今，晒湖周围开始陆续兴建小区，大规模开发商业楼盘，居民也大量增加，垃圾不断填入湖中，晒湖越变越“瘦小”。进入晒湖小区的大门，不见晒湖之景，先闻晒湖之臭。部分湖水已经干涸，湖底袒露，乌黑发臭的污水被排污沟排放至湖内。生活垃圾、腐烂的蔬菜被扔进湖床，间或有老鼠窜过（图 4-6）。2005 年，武汉市出台《中心城区湖泊保护规划》，公布的晒湖面积已剧减至约 190 亩，而到了 2010 年，晒湖成为一个约 100 亩的臭水塘。

竹叶海位于硚口西北部，原是一个主体湖泊 200 多亩的原生态湖泊，历史上的竹叶海由几个大的湖面组成，“一眼望不到边”是当地老人们对于这个湖泊的记忆。而如今，问起竹叶海，主要指竹叶海公园里面的那个小塘。

此外，随着武汉市城市化进程加剧和湖泊污染状况日益恶化，湖泊的自然属性不断削弱，生态系统遭破坏[42]。武汉市主要江段水质较好，但绝大多数城内湖泊均受到严重污染，呈现富营养态势，一些湖泊已达到严重过富营养程度[43]。从武汉市水务局的统计资料来看，武汉中心城区的湖泊全部有不同程度的富营养问题存在。其中：外沙湖、莲花湖和南湖属于重度富营养化。图 4-7 显示了武汉市外沙湖（已建成城市公园）的水面富营养化情况。

图4-6　湖泊边成堆的生活垃圾
（资料来源：湖北大公网 http://hubei.takungpao.com/html_content/2011-06-23/80569.html）

图4-7　武汉市外沙湖水面
（资料来源：2013 年 8 月笔者拍摄于武汉外沙湖）

4.1.3　中心城区部分湖泊景观品质较低

本课题组于 2013 年 7 月，选取皖子湖、菱角湖、塔子湖、小南湖、机器荡子、莲花湖、西湖和北湖 8 个位于中心城区的湖泊进行了实地调研，从旅游基础设施、公共厕所、垃圾桶、安全设施、照明设施、沿岸生态与休闲、沿岸休闲氛围、沿岸休闲场所、沿岸自然生态、便利与清洁程度、旅游信息、进入方便程度、沿岸环境清洁、环境维护程度、沿岸绿化程度、湖水清洁程度、历史文化资源、交通便利程度、临湖建筑到湖岸距和临湖建筑均价等方面调查和评判这些湖泊，以百分制打分，90 分及以上为“非常好”，80 ～ 90 分为“好”，70 ～ 80 分为“一般”，60 ～ 70 分为“不好”，60 分以下为“非常不好”。

图 4–8 显示了被调查的 8 个中心城区湖泊旅游基础设施、公共厕所、垃圾桶、安全设施、照明设施、沿岸生态与休闲、沿岸休闲氛围

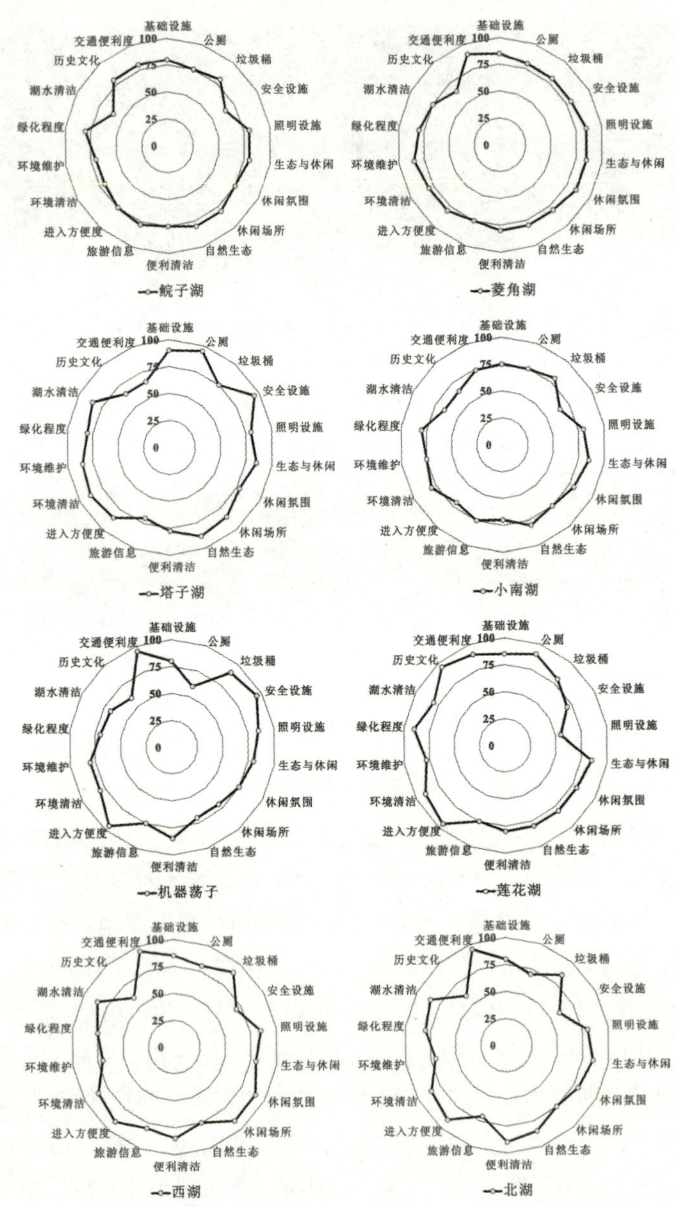

图4-8　武汉市中心城区8个湖泊各个指标分值雷达图

（资料来源：根据实地调研数据整理绘制）

等指标在百分制下的分值雷达图。从调研的实地情况和数据分析来看：8个中心城区湖泊、滨湖区域最缺乏的是历史文化内涵。除了莲花湖有“太白楼”（图4-9）和相应的历史传说以外，其他的湖泊很少有历史文化内涵。相应地，8个湖泊在“历史文化资源”指标项的得分也相对较低。其他突出的问题还包括环境维护程度相对较差。特别是在旧城区内的小南湖、鲩子湖（宝岛公园）内更加明显，虽然小南湖和鲩子湖早期即被开发为市区公园，但是公园内的设施明显缺乏更新和维护（图4-10),给人破旧和衰败的感觉。再如,机器荡子（喷泉公园）早在20世纪90年代即建设了一个直径80m的喷泉，喷泉水注高达100m。可是建成后的喷泉，每年只在“五一”“十一”、元旦、春节时启用，由于这个喷泉设计没有考虑人的多感观接受信息的特点，没有音乐,灯光也较暗,不太引人注目。每喷一次水,仅电费就需3 000多元。一年只在4个主要节假日启动喷泉，运行与维护费用难以为继。此外，

图4-9　莲花湖公园内的太白楼
（资料来源：2013年7月笔者摄于汉阳莲花湖公园）

图4-10　小南湖公园内的一角
（资料来源：2013 年 7 月笔者摄于汉口小南湖公园）

被调查的部分湖泊中，缺乏完善的旅游信息和安全设施。特别是位于居民密集区的湖泊，滨湖栏杆（或栏锁）失修，缺乏必要的警示牌和救生设施，存在安全隐患。

4.1.4　中心城区水系连通性和完整性较差

河湖水系连通，主要是以江河湖泊等水系为对象，在其间建立有一定水力联系的连接方式。从科学范畴上可将河湖水系连通定义为，在自然水系基础上通过自然和人为驱动作用，维持、重塑或构建满足一定功能目标的水流连接通道，以维系不同水体之间的水力联系和物质循环。河湖连通是提高水资源配置能力的重要途径，而水系连通的功能主要表现在提高水资源统筹调配能力、改善生态环境状况、抵御水旱灾害等。

目前，武汉市中心城区水系连通性和完整性还比较差，湖泊与江河之间缺乏有效的连通和互动，加剧了水网生态系统的恶化。在中心城区的东湖、沙湖、南湖等湖泊，历史上曾相互连通，并与长江保持着水体交换，但随着湖泊污染的加剧及城市化建设的发展，湖与湖的联系被人为分割，内湖与外江的互动受到人为控制，原有的连通港渠萎缩严重，通江闸站过流能力不足，湖泊水体交换程度低，水质下降，生物多样性降低，水生态系统呈恶化趋势。同时，由于曾经的排水体制形成的污水就近入湖，导致目前城区湖泊周边截污困难，入湖污水在污染水体、破坏水生态系统的同时，也使湖泊逐渐淤塞并沼泽化，加速了湖泊向死亡方向发展。

4.1.5 污水处理设施建设仍处于较低水平

污水处理不仅是城市环境建设的基础性工程，也是水资源资源化的重要措施，虽然近年来武汉市污水处理工艺得到不断的改善，但在污水处理率日益提高的同时，武汉市污水处理厂每天产生的污泥也在急剧增加。污泥含水率高，有恶臭，且含有毒化学物质和病原微生物，若不加以控制，势必造成二次污染。目前，武汉市污水处理设施建设仍然处于还旧账阶段，特别是污水收集管网建设滞后。目前中心城区有7座污水处理厂已建成，另有汉西、三金潭、黄家湖3座污水处理厂已建成通水，但中心城区污水收集管网覆盖率较低，合流制管道比例大，设施老化。管网乱接错接现象严重，截流制排水管道截流倍数较小。同时工业废水治理标准仍然较低，废水中污染物的排放总量仍相当大。

从前文对武汉市废水处理情况和其他主要省会城市的对比来看，从废水治理设施数来看，拥有治理废水设施最多的是上海，拥有1 749套，武汉市拥有套数仅为上海的1/7，在20个省会城市中排名第十五；从废水治理能力看，成都最多，拥有85座，武汉有16座，在20个省会城市中排名第十；从废水处理量来看，上海排第一，年处理废水187 875 $\times 10^4$t，武汉排第八，年处理废水54 708 $\times 10^4$t。由此可见，武汉市废水处理的能力和处理量有待加强。

4.1.6 滨水区规划、建设与保护仍有差距

城市滨水区是城市中与河流、湖泊、海洋相毗邻的特定区域，它是城市生态与城市生活最为敏感的地区之一，具有自然、开放、方向性强等空间特点和公共活动多、功能复杂的特点，历史文化因素丰富等特征[44]。它不仅是城市形成时期最早的聚居点，也是城市繁华期的经济与文化中心，还是城市不断发展与成长的动力之源。滨水的景观设计不仅为城市提供了优美舒适的旅游环境，同时促进和维护了生态的平衡，让人类生存的家园朝着良性的方向不断延续发展着。以保护为前提，合理地规划设计，有效开发利用滨水景观资源，是城市可持续发展的基础和保障。

2001年武汉市开展汉口江滩滨水环境综合整治以来，目前“两江四岸”特别是长江两岸的生态环境已大有改善，但滨渠区和滨湖区的水生态环境仍不容乐观，港渠两侧和湖泊周边的水土破坏及乱搭乱盖严重，水域与陆地的生态过渡带均不同程度遭到破坏（图4–11）。如中心城区的沙湖、南湖、墨水湖以及巡司河和沙湖港的水域周边的生态系统严重退化。规划控制不力，建设速度较缓慢，与建设“绿满滨水、显山透绿、景观道路、亲民绿化”的总体要求以及武汉市十二次党代

图4-11　武汉市汉江滨水地区现状[45]

注：图中①汉江滨水地区示意图；②繁杂凌乱的水边运输生活现状；③缺乏生气的驳岸和单调落后的船坞；④岸边低质量的自建房和无序的街景。

会提出的把武汉市建成“东方水都”的目标还存在较大差距。

此外，项目组在对中心城区湖泊的实地调查中发现：在明确的控制措施出台之前，房地产开发更是在各湖畔进行，“湖景房”一度成为地产的招牌。例如，包围塔子湖的梦湖香郡，在宝岛公园内部开门的宝岛赏湖居小区，西北湖周边的凤凰城、元辰国际、德富花园，单是南湖附近就有明泽半岛、丽岛花园、南波湾、锦绣良缘、南湖山庄、水蓝郡、江南家园、枫林上城、洪福家园几十个小区，武汉市湖泊附近的生活区更是数不胜数。虽然这些小区、楼盘在湖泊的映衬下身价倍升，显然开发商已经把湖泊当作自己所开发楼盘的“后花园”，然而每个小区并不是因为这点就完备小区的生活污水处理设施，不仅如此，有的甚至直接排入湖中。密集的居民楼逼近湖泊水面（图 4–12），一方面，切断湖泊作为城市公共空间与外界的联系，让人感到“临湖不见湖”；另一方面，老旧、密集的建筑不但给人压迫感，而且严重破坏了湖泊景观（图 4–13）。

图4-12　宝岛公园（鲩子湖）内逼近湖泊的居民楼
（资料来源：2013 年 7 月笔者摄于汉口宝岛公园）

图4-13 宝岛公园（鲩子湖）内密集的居民楼
（资料来源:2013年7月笔者摄于汉口宝岛公园）

4.1.7 水生态系统的建设与管理存在结构性矛盾

作为一个丰水城市，管理好、保护好、开发利用好天然禀赋的水资源是一个大问题。依法治水是管理好水资源的首要前提，近年来，武汉市紧扣水利部新时期提出贯彻实行最严格的水资源管理制度，先后提出了《武汉市湖泊保护条例》《武汉市水资源保护条例》等一系列法规条例，但是武汉市还需进一步将众多的与水生态系统保护与修复相关的法规、政策、管理制度等方面的内容进行整合，形成全面的涉水法规体系。

生态保护与产业结构的矛盾突出，管理者、使用者和所有者之间的矛盾仍难以调和，局部利益侵害公众利益的现象仍十分普遍。20世纪80—90年代，为了顺应改革开放的形势，增加经济效益的需要，群众自发性地围湖养殖，发展水产。进入20世纪90年代中期，一般意义上的围湖造田、围湖养殖逐步停止，但却掀起了市政建设和房地产开发的热潮，滨湖地区成为房地产开发的“热土”，加上发展旅游，滨湖地区水域一块一块地被蚕食、侵占。

公众对水环境保护重要性的认识仍需提高，自觉参与管理的意识仍然淡薄。在保护水环境的过程中，公众的正确意识起着先导和基础性作用。节约资源、保护环境是我国的基本国策。然而，实际上节约水资源、保护水环境的观念在武汉市市民生活中仍显淡漠，其中一个突出问题即公众环境保护意识不到位、公众参与程度低。

水环境相关修复技术还处在探索阶段，监测与评价等技术体系还未形成。在水环境的修复过程中，往往还需要保护水体周围环境。水环境修复往往比传统的环境工程涉及更多的专业领域，包括环境工程、土木工程、生态工程、化学、生物学、毒理学、地理信息和分析检测等，需要经环境因素和技术充分结合。

4.2 武汉市水环境风险问题成因分析

4.2.1 粗放型经济发展方式的弊端

粗放型经济增长方式主要依靠增加生产要素的投入，即以增加投资、扩大厂房、增加劳动投入来增加产量。这种经济增长方式的基本特征是依靠增加生产要素量的投入来扩大生产规模，实现经济增长。以这种方式实现的经济增长，往往是以消耗较高、污染较重、成本较高、产品质量难以提高、经济效益较低为代价的。

自改革开放以来，之所以一直沿用粗放型的经济发展模式，是因为粗放型经济虽然是低效率的，但对于每个微观企业来讲却是有利可图的，企业在利益的驱使下，会不断加入粗放型生产的行列，必然形成经济长期被“锁定”在无效率的粗放型增长方式。

从水环境保护角度来看，由于粗放型经济增长方式没有从根本上改变，经济结构不合理、重开发轻保护、重建设轻管理、水环境保护与产业结构的矛盾突出、以生态环境为代价换取眼前和局部利益的现象普遍存在，经济的快速增长对生态环境造成了极大压力，使生态恶化的范围扩大、程度加重，边治理边破坏、点上治理面上破坏、治理赶不上破坏等问题突出。管理者、使用者和所有者之间的矛盾仍难以调和，局部利益侵害公众利益的现象仍十分普遍。

粗放型经济增长方式下，武汉市工业废水排向明渠和湖泊导致河水和湖水污染严重。如在巡司河（武昌市城区南端，全长16km，流经武汉市江夏、洪山、武昌三区后汇入长江）边，私房、菜地、垃圾堆和简易厕所的污水都直接排向河内，河边还有许多排废水的排污管，来源于小型工厂以及饭馆，导致巡司河污染严重，臭味熏天，让人白天都不敢经过。而填湖造地和围湖养鱼则导致湖泊面积急剧缩小和湖水水质变差。武汉市水务局的统计数据表明，武汉市缩减的湖泊面积有六成是由于20世纪五六十年代填湖造地和围湖养鱼造成的，武汉市的各大湖泊均受波及。第一个阶段是20世纪50年代至80年代初为获得更多的粮食，全国掀起一股“以粮为纲”的运动，武汉大面积的湖区和湿地被填占，变成了田地。第二个阶段是20世纪80年代至90年代，群众自发性地围湖养殖，发展水产。水质污染与湖泊水体富营养化问题日益严重。武汉三镇当时几个大的郊区湖泊均大面积遭到垦殖，东湖在这一阶段亦有大面积的缩减[46]。

此外，城市建设和房地产开发蚕食明渠以及滨湖区域，导致水域急剧缩小。1996年之后，武汉掀起了市政建设和房地产开发的热潮，滨湖地区成为房地产开发的“热土”，滨湖地区水域被蚕食、侵占。如汉口青年大道占用后襄河、长江二桥占用四美塘的部分水面。西北湖、菱角湖附近的复兴村地区、后湖、汉口新火车站等地区逐渐成为汉口开发建设的热点。武昌地区四美塘湖和晒湖是城市建设和房地产开发造成面积急剧萎缩的典型例证。武昌修建中北路、徐东路填掉了部分沙湖水面，内环线逐步畅通并形成环线经济带，沙湖周边土地利用程度逐渐提高，面积急剧减少。

4.2.2 行政管理效率不高

首先，从管理体制存在的矛盾看，条块分割的管理体制，人为地将系统、完善的水系分割开，“多龙治水”，难以实现“统一规则、合理布局”。现有的管理体制下，流域管理和行政区域管理还不能形成有机的结合。城市湖泊隶属于不同的流域系统，这是由湖泊河流的天然水网决定的，而湖泊水域的管理却由各级行政单位来承担。这就产生了湖泊跨界的问题，比如武汉市的梁子湖就地跨武汉市江夏区、大冶市、咸宁市咸安区和鄂州市梁子湖区，在其管理上就出现了多头治理的不协调局面。城市湖泊污染由政府监管负责的机制与科学的流域管理相冲突，既浪费了人力、物力，又难以收到很好的成效，降低了管理的效率。

其次，资源与环境的分部门管理体制也导致了管理的不协调和低效率。城市水环境由水利部门和环境保护部门协同管理，两部门的职权范围之间存在较大的交叉。两部门的行政分割和职责交叉催生了许多问题，在管理过程中难以协调，影响了管理的效率。比如，水利部门的水文站与环境保护部门的环境监测站的数据不一致，对水质水量的检测指标也不统一。这又导致在环境影响评价和跨区域纠纷的协调中的数据印证失去了说服力。

再次，在城市水环境治理过程中，城市建设主管部门、农业主管部门、渔业主管部门、卫生部门、国土资源部等都有法律赋予的职责。目前的协调机制都是临时性的、应急性的，缺乏稳定的保障和长效的合作机制。这样虽然可以调动各方的力量共同应对突发的城市湖泊污染事件，但在长期的运作过程中必然加大各部门之间相互协调的成本，降低综合管理效率。

4.2.3 法规体系之间不协调

目前，与水环境风险管理相关的法律体系还不够完善，相关法律之间还缺乏协调性。在执行层面上，也存在职责交叉、协调不足和部门利益冲突等问题。我国现行的与水环境、水资源保护相关的法律包括《环境保护法》《环境影响评价法》《城乡规划法》《水污染防治法》《水法》等 11 部。它们都是全国人大常委会通过的法律，属于同一层次，具有同等的效力[47]。

近年来，武汉市先行先试，领先全国地方性水法规，先后制定出台了《武汉市城市供水条例》《武汉市防洪管理规定》《武汉市湖泊保护条例》《武汉市城市排水条例》《武汉市城市节约用水条例》和《武汉市水土保持条例》6部地方性法规，为依法行政、依法治水提供了充分的法律依据，又出台了《武汉市水资源保护条例》，颁布了《武汉市湖泊保护条例实施细则》《武汉市地下水管理办法》《武汉市建设项目配套建设节水设施管理规定》及《武汉市环境影响评价实施办法》等政府规章，以及《武汉市汉长江口江滩管理办法》《武汉市生活污水分散处理设施运行费用补贴暂行规定的通知》《武汉市城市明渠保护办法》《市人民政府关于加强九峰城市森林保护区保护和管理的通告》等规范性文件。然而，从政策法规的协调性看，目前武汉市众多的与水环境保护与修复相关的法规、政策、管理制度等方面的内容需要进一步整合。这些法律通过和施行的时间跨度比较大，起草时也是针对当时特定的环境保护目标。虽然后续立法都考虑了现行法律的存在，积极进行协调，并适时地对原有法律进行修订，但是就目前的情况来讲，水污染防治相关的法律体系还不完善，某些需要约束的方面还存在空白，现存的法律又存在一定的不协调。

如何将这些新出台的法律、法规和之前颁布的涉水地方性法规整合并协调彼此的关系，体现水利部新时期提出的贯彻实行最严格的水资源管理制度，需要进一步探索和实践。此外，有法不依、执法不严现象较为突出，环境违法处罚力度不够;偷排、超标排放等违法行为还时有发生，环境“守法成本高，执法成本高，违法成本低”的问题还未得到有效解决。

4.2.4 法制不够完备，执法缺乏力度

虽然，近年来武汉市相继出台了《武汉市水土保持条例》《武汉市城市供水用水条例》《武汉市城市节约用水条例》等11部对应的地方法规规章。然而，在水环境保护相关的法律执行方面，也存在许多

不足之处。一方面，有些法律的规定比较笼统，这给法律的执行带来了较大的困难。比如，全国人大颁布的法律在武汉市的层面上执行就存在困难，这需要在国家法律之下再推出一系列的司法解释和实施细则。而法律体系这一层次的建设还远远不足，要更落后于国家总体的法制建设。另一方面，即使法律有了一定的总体规范，并且相互之间有一定的衔接，法律的执行还需要执法部门的努力。而在此过程中，各部门又由于职责交叉等原因而缺乏协调。比如水利部门和环境保护部门在水污染断面监测等管理职责上就存在冲突，他们在国家水环境相关法律的执行方面就缺少协调。

此外，水环境污染治理的相关法律对违法行为的处罚力度相对较轻。水环境排污处罚和非法填湖处罚太低，较低的处罚和巨大驱动利益之间的反差为武汉水环境保护和治理造成了困难。例如:武汉市东湖污染的主要原因是生活污水以及少数工业废水排放。2009 年南湖大量鱼死亡事件也是由生活污水排放引起。小区排污成本极低，物业公司几乎不经处理就直接排放。另外，对填湖行为的处罚也过低，一次填湖，不论面积大小，最高罚款限额为 5 万元，而填一亩湖的土地可卖到几十万元，巨大的利益驱动和低廉的填湖代价，让填湖行为屡禁不止。

4.2.5 公众参与水环境保护程度低

从国内外成功水污染治理案例的分析，公众普遍高的环境意识及广泛的参与是发达国家环境治理成功的基础，而公众参与水环境保护，充分发挥非政府组织的作用是其成功的重要经验之一。公众参与包括 3 个要素:参与主体、参与对象、参与方式。公众参与的主体是公众，即一个国家或地区的普通民众，这里并不强调参与者的公民资格，只要所涉及的问题与公众的利益有关，公众就可以参与。

公众参与的对象，是指那些由政府承担管理的与公众利益、生活和生存相关的公共事务。日本治理琵琶湖，开展用肥皂代替合成洗涤剂的公民运动，削减入湖污染负荷。加拿大圣劳伦斯河的治理，积极鼓励社区群众参与治理流域水污染的积极性。据统计，平均每年有15 200人参加流域治理，参加义务工作时间达16万小时。瑞典水环境治理的成功，其主要推动力是公众对高质量水环境的追求。

公众参与的方式主要有：听证、座谈、咨询、诉讼等，参与方式因各国的国情不同而不同。公众参与的作用，从社会角度看主要有以下几个方面：第一，实现公共权力的再分配和社会利益结构的重新组合，特别是使受公共权力影响的公民的利益在决策中得到保护，促进社会的公平与公正；第二，公众参与有利于监督和制约政府部门，促进政府行政和公共政策质量的改进，提高政府决策的科学性和民主性，降低政策执行的成本和阻力；第三，公共参与有利于弥补政府能力的不足；第四，公众参与有利于提升公民的民主意识和参与精神，促进整个社会的进步。因此，在政府与公众合作治理模式中，引进公众参与的力量，并不意味着政府力量的削弱或消失，而是意味着政府更大的责任。

目前，武汉市公众的环保意识和公众参与的程度与发达国家相比都是有相当大的差距的，而且环境意识的提高是一个长期的过程。因此，我国的环境管理中对公众环境保护意识的宣传及引导的任务相当艰巨。从目前武汉市公众参与水环境保护的程度看，主要存在以下问题：一是对水环境保护重要性的认识仍需提高，自觉参与管理的意识仍然淡薄；二是公众缺乏有效的参与水环境保护的渠道；三是公众监督水环境污染的成本较高；四是对于公众参与水环境保护，政府方面缺乏有效的引导和广泛的宣传。

4.2.6 保护水环境技术支撑力不足

在武汉市水环境的治理过程中，手段简单，缺乏有力的技术支撑。例如：随着城市人口激增，填湖一度成为武汉市处理垃圾甚至是治理污染湖泊的手段。特别是一些小湖泊及连接湖泊的明渠，因为遭到严重污染，变成臭水塘、臭水沟，常用简单的填埋方式来处理。

此外，相当数量的工业企业不能做到废水稳定达标排放。污水处理厂还停留在以去除 COD 为主，总氮等污染指标还未纳入污染治理和控制范围。已建成污水处理厂的配套管网建设滞后，雨污分流体系不完善，污水不能完全收集入网，部分污水处理厂进水浓度偏低，降低了污水处理设施的效率。大多数污水处理厂未考虑污泥的资源化利用和安全处置，部分污水处理厂尾水排放口位置不合理。

5 武汉市水环境风险与风险评价

5.1 生态风险评价的内涵

5.1.1 生态风险评价的概念、目的

为了厘清水环境风险、水环境风险评价的概念以及水环境风险评价的方法，首先需要厘清生态风险、生态风险评价概念以及生态风险评价的方法。

美国于20世纪70年代开始生态风险评价工作的研究。美国环境保护署(U.S.Environmental Protection Agency，简称EPA)在1992年对生态风险评价作了定义，即生态风险评价是评估由于一种或多种外界因素导致可能发生或正在发生的不利生态影响的过程。其目的是帮助环境管理部门了解和预测外界生态影响因素和生态后果之间的关系，有利于环境决策的制定。生态风险评价被认为能够用来预测未来的生态不利影响或评估因过去某种因素导致生态变化的可能性。

生态风险评价基于两种因素:后果特征以及暴露特征。主要进行3个阶段的风险评价:问题的提出、问题分析和风险表征。美国在1992年就形成了生态风险评价框架，1998年进行了修改。

生态风险评价与环境管理存在以下联系，能够有效地用于环境决策的制定。

（1）生态风险评价的计划和执行是给环保部门提供关于不同的管理决策所产生的潜在不利后果。风险评价首先考虑环境管理的目标，因此生态风险评价的计划有助于将评价的结果用于风险的管理。

（2）生态风险评价有利于环境保护决策的制定。在EPA，生态风险评价被用于支持多类型的环境管理行为，包括危险废物、工业化学物质、农药的控制以及流域或其他生态系统由于多种非化学或化学因素产生影响的管理。

（3）生态风险评价过程中，需要不断利用新的资料信息，能够促进环境决策的制定。

（4）生态风险评价的结果可以表达成生态影响后果的变化作为暴露因素变化的函数，对于决策制定者——环境保护部门非常有用，通过评估选择不同的计划方案以及生态影响的程度，确定控制生态影响因素，并采取必要的措施。

（5）生态风险评价提供对风险的比较、排序，其结果能够用于费用-效益分析，从而对改变环境管理提供解释和说明。

生态风险评价在美国和其他欧洲国家得到广泛的应用，并有明显的优点，这并不意味着它是唯一的管理决策的决定因素，环境保护部门还要考虑其他因素，如制定法律法规，社会、政治和经济方面的因素也可以引导环境保护部门采取措施。

事实上，将风险减少到最低限度将会付出很大的代价，或者从技术上是不可行的，但是在环境决策制定的过程中，必须加以考虑。

5.1.2 生态风险评价的进展

生态风险是生态系统及其组分所承受的风险，指一个种群、生态系统或整个景观的正常功能受外界胁迫，从而在目前和将来减少该系统内部某些要素或其本身的健康、生产力、遗传结构、经济价值和美学价值的可能性[48]。美国环保局在1996年颁布的生态风险评价框架中对生态风险评价进行了定义：评价负生态效应可能发生或正在发生的可能性，而这种可能性是归结于受体暴露在单个或多个胁迫因子下的结果[49]，而其目的就是用于支持环境决策[50]。

目前，不同国家对于生态风险评价的方法有所不同。美国环保局将生态风险评价分为4个过程[51]:①提出问题;②分析（暴露和效应表征）;③风险表征;④风险管理和交流。

加拿大和欧盟则将生态风险评价分为4个步骤:①危害识别;②剂量-反应评价;③暴露评价;④风险表征。

Hayes认为生态风险评价的方法和类型太多，没有一个标准的框架。他认为每一个评价应该包括5个方面:①严格的、系统的危害分析。②数据、理论和模型的准备、分析，强调不确定性，在第一步中要考虑到潜在危害的可能性和导致的后果。③基于事件的可能性和后果的风险估计，它反映在评价过程中的不确定性水平。每一个评价终点作单体风险估计，单一的风险评价可能要进行多个终点的评价，因此可能要作多重风险估计。④在项目的整个阶段，以有效的统计方式检验评价假设和推断的一个监测系统。⑤风险的社会评价，包括重要性、持续时间、可控性、地理范围、社会的分布、背景风险和可逆性[52]。1992年，美国环保局颁布了生态风险评价框架，随后其他的一些部门和组织也建立了与此类似的方法或原则。在此基础上，1998年美国环保局颁布了生态风险评价导则，对原有框架的内容进行了修改和延伸，替代了原有的框架[53]。

5.1.3 生态风险评价的过程

美国EPA对生态风险评价工作有较成熟的方法和数据库，并且做了大量的生态风险评价工作。一般分为以下过程:①制订计划，根据评价内容的性质、生态现状和环境要求提出评价的目标和评价重点;②风险的识别，判断分析可能存在的危害及其范围;③暴露评价和生态影响表征，分析影响因素的特征以及对生态环境中各要素的影响程度和范围;④风险评价结果表征，对评价过程得出结论，作为环保部门或规划部门的参考，作为生态环境保护决策的依据。生态风险评价框架见图5-1。

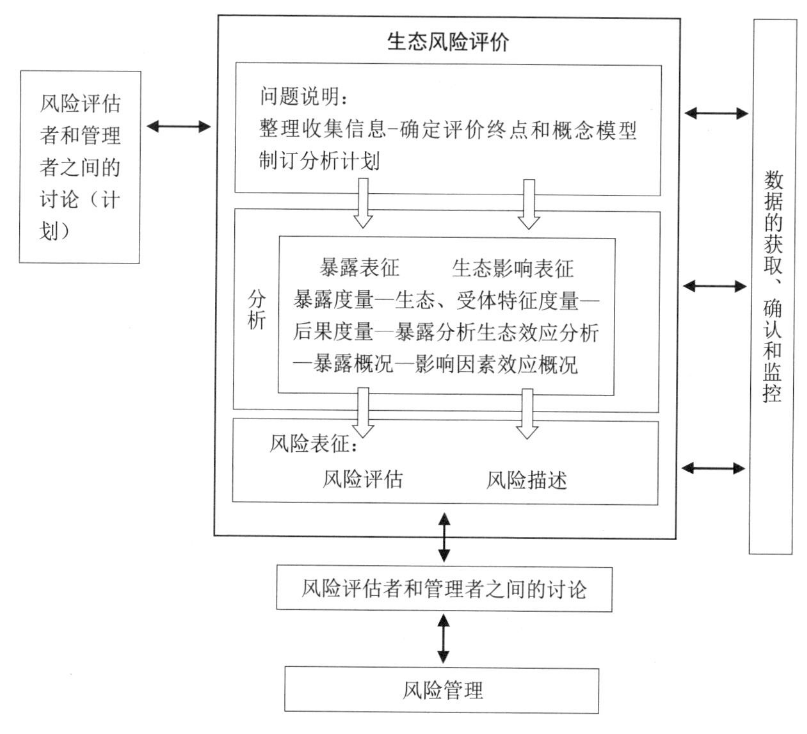

图5-1　生态风险评价框架

我国的风险评价工作起步较晚，在化工项目及易燃、易爆、有毒化学品等方面做过大量的工作，但是还没有导则参照执行。生态风险评价我国已经做过一些研究工作，但是还难于系统地应用于环境影响评价当中，原因是生态风险评价不同于化学物质和物理变化能够直观地评价对环境的破坏。生态风险评价需要大量的基础数据和生态调查，以及评价方法的研究，美国于 1998 年才颁布了生态风险评价的导则。根据我国目前的环境影响评价现状，生态项目是我国环境影响评价的重点拓展领域。由于生态项目所在地的差别，使项目类型千差万别，每个项目的环境影响有所不同。对我国西部地区大规模的区域开发建设、重大项目建设所造成的生态影响，生态风险评价的研究成果可为环境保护部门提供决策依据。

5.2 武汉市水环境风险现状评价

5.2.1 水环境风险评价指标体系

水环境风险评价，不仅需要考虑人类活动产生污染负荷的影响以及水系统抵抗污染的能力，还要考虑作为污染受体的水系统的预期损害性（即水价值功能的变化）、污染物类型以及污染传递速度等。水环境评价是由多种因素相互作用或叠加而形成，是定性与定量相结合的问题。在水环境风险研究不断深化的基础上发展而来的水环境风险评价,同样也是一个定性与定量相结合的问题。因此,在评价研究之前,必须遵循科学性原则、系统性原则、动态性原则、可操作性原则，并咨询专家的意见全面分析各种影响因子，选择引起生态脆弱性的敏感因子，构建评价指标体系，综合反映特定时空区域上水环境风险程度。

根据武汉的实际情况和构建生态脆弱性评价指标体系的一般性原则，确定 23 个指标作为考察对象。水环境风险程度评价通过形成原因和表现结果两方面来反映，而形成原因指标又包括自然成因和社会成因，表现结果则包括社会经济发展指标和水污染负荷指标。自然成因主要通过人均水资源量、产水模数、年均降水量和森林覆盖率 4 个指标来反映;社会成因指标主要通过人口密度、土地利用率、工业增加值和新开工房屋面积 4 个指标来反映;经济社会发展水平主要通过人均 GDP、平均工业能源消费量、人均寿命和人均可支配收入 4 个指标来反映;水污染负荷指标主要通过综合水质类别、废水排放总量、综合污染指数和污水处理设施数 4 个指标来反映。最终，构成武汉市水环境风险程度指标体系（图 5–2）。

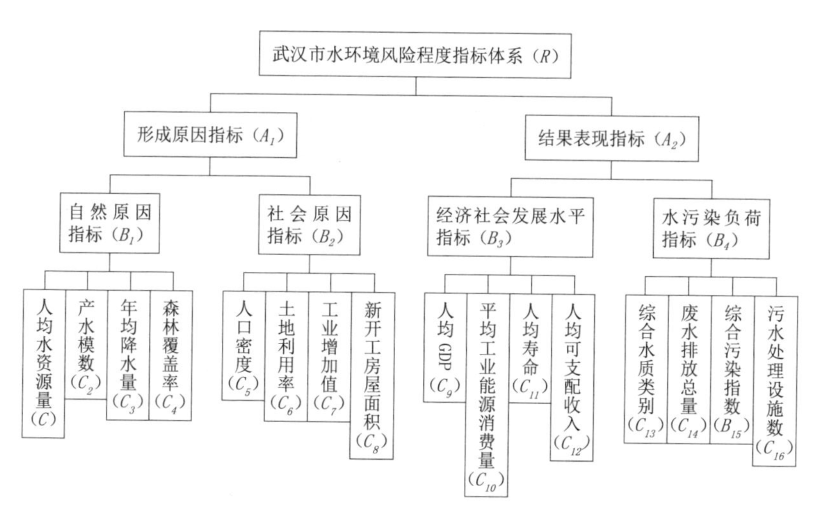

图5-2　武汉市水环境风险程度指标体系

指标层中各个指标的解释以及与武汉市水环境风险程度（R）之间的正负相关性，如表5-1所示。

表5-1　所选主要指标的解释

指标层	指标解释	与 R 正负相关性
人均水资源量（C_1）	区域水资源量和人口数的比值，综合反映水资源的丰富程度	+
产水模数（C_2）	单位面积的水资源，反映水资源禀赋	+
年均降水量（C_3）	一个地区一年间降水量，反映水资源补充、更新能力	+
森林覆盖率（C_4）	一个地区森林面积占土地面积的百分比，反映森林资源丰富程度和生态过滤能力	+
人口密度（C_5）	人口密度是单位面积土地上居住的人口数，是反映区域人口集中程度的主要指标	−
土地利用率（C_6）	土地面积与土地总面积之比，一般用百分数表示，是反映土地利用程度的数量指标	+
工业增加值（C_7）	工业增加值是指工业企业在报告期内以货币形式表现的工业生产活动的最终成果，反映的是地区在一定时期内所生产的和提供的全部最终产品和服务市场价值的总和	−

续表 5-1

指标层	指标解释	与 R 正负相关性
新开工房屋面积（C_8）	房屋新开工面积是指在报告期内新开工建设的房屋建筑面积，反映对建设用地的需求	−
人均 GDP（C_9）	人均国内生产总值，发展经济学中衡量经济发展状况的指标，是重要的宏观经济指标之一	+
平均工业能源消费量（C_{10}）	平均每万元工业总产值能源消费量，这里取能源消费总量并按照转换为标准煤数量计算	+
人均寿命（C_{11}）	主要指人均预期寿命，是世界各国通用的一个最重要的幸福指标	+
人均可支配收入（C_{12}）	人均可支配收入指个人收入扣除向政府缴纳的个人所得税、遗产税和赠与税、不动产税、人头税、汽车使用税以及交给政府的非商业性费用等以后的余额，反映社会发展水平	+
综合水质类别（C_{13}）	依照《地表水环境质量标准（001GB 3838—2002）》，根据水域环境功能和保护目标，按照功能高低将水质划分为 5 类	−
废水排放总量（C_{14}）	主要包括工业污水和城市生活污水的排放总量	−
综合污染指数（C_{15}）	将有关的污染物浓度等标化，计算得到简单的无量纲指数，可以直观、简明、定量地描述和比较环境污染的程度	−
污水处理设施数（C_{16}）	指地方相关部门投入并正在使用的污水处理设施件数或套数，反映对污水处理的能力	+

5.2.2 计算各层指标的组合权重

为了体现各项指标的相对重要程度，在建立指标体系的前提下确立各个指标的权重分配。确定权重分配的方法很多，例如 DARE 评分法、相对比较法、特尔菲法和层次分析法等。

层次分析法 (Analytic Hierarchy Process，简称 AHP 法) 是美国运筹学家 Saaty 教授于 20 世纪 70 年代初提出的一种定性与定量分析相结合的多目标决策方法 [54]。本研究即采用层次分析法来确定武汉市水环境风险程度指标体系中各个指标的权重。

5.2.2.1 建立递阶层次结构

建立递阶层次结构模型即把复杂的问题分解为我们称之为要素的各级组成部分，并把这些要素按属性不同分成若干级，形成不同层次。

同一层次的要素作为准则对下一层次的元素起支配作用，同时它受上一级元素的支配，从上至下支配关系形成一个递阶层次结构，这是AHP法中最重要的一步[55]。本研究确定的武汉市水环境风险程度指标体系为无交叉结构，将其划分为目标层、准则层、方案层3个递阶层次（表5-2）。

表5-2　水环境风险评价指标体系

目标层	准则层（A_i）	方案层（B_i，C_i）	
武汉市水环境风险程度（R）	形成原因指标（A_1）	自然成因指标（B_1）	人均水资源量（C_1）
			产水模数（C_2）
			年均降水量（C_3）
			森林覆盖率（C_4）
		社会成因指标（B_2）	人口密度（C_5）
			土地利用率（C_6）
			工业增加值（C_7）
			新开工房屋面积（C_8）
	表现结果指标（A_2）	经济社会发展水平指标（B_3）	人均GDP（C_9）
			平均工业能源消费量（C_{10}）
			人均寿命（C_{11}）
			人均可支配收入（C_{12}）
		水污染负荷指标（B_4）	综合水质类别（C_{13}）
			废水排放总量（C_{14}）
			综合污染指数（C_{15}）
			污水处理设施数（C_{16}）

5.2.2.2 计算各层指标的组合权重

依据AHP原理和方法，在建立递阶层次结构后聘请有关专家，自上而下对指标体系各层次指标进行两两重要程度判断比较，造出层次结构模型各层次的判断矩阵。为了使因素之间进行两两比较，得到量化的判断矩阵，根据心理学家的研究提出：人们区分信息等级的极限能力为7±2，因此引入1～9的标度，如表5-3所示。

表5-3 层次分析法评判标度及其含义表

标度 a_{ij}	判定规则
1	i 因素与 j 因素相同重要
3	i 因素比 j 因素略重要
5	i 因素比 j 因素较重要
7	i 因素比 j 因素非常重要
9	i 因素比 j 因素绝对重要
2、4、6、8	为上述两两判断之间的中间状态的标度值
倒数	i 因素与 j 因素比较得 a_{ij}，反之得 $a_{ji}=1/a_{ij}$

根据专家意见和层次分析法评判标度构建两两判断矩阵如下所示：

$$A=\begin{bmatrix}1 & 1\\ 1 & 1\end{bmatrix}\quad A_1=\begin{bmatrix}1 & 1\\ 1 & 1\end{bmatrix}\quad A_2=\begin{bmatrix}1 & 1\\ 1 & 1\end{bmatrix}\quad B_1=\begin{bmatrix}1 & 3 & 3 & 3\\ 1/3 & 1 & 1 & 2\\ 1/3 & 1 & 1 & 2\\ 1/3 & 1/2 & 1/2 & 1\end{bmatrix}$$

$$B_2=\begin{bmatrix}1 & 1/3 & 1/2 & 1/3\\ 3 & 1 & 1 & 3\\ 2 & 1 & 1 & 1/2\\ 3 & 1 & 2 & 1\end{bmatrix}\quad B_3=\begin{bmatrix}1 & 1/3 & 1/2 & 1\\ 3 & 1 & 2 & 3\\ 2 & 1/2 & 1 & 2\\ 3 & 1/3 & 1/2 & 1\end{bmatrix}\quad B_4=\begin{bmatrix}1 & 2 & 1/2 & 2\\ 1/2 & 1 & 1/2 & 2\\ 2 & 2 & 1 & 2\\ 1/2 & 1/2 & 1/2 & 1\end{bmatrix}$$

计算判断矩阵每一行各元素之乘积 a_{ij}，即 $M_i=\prod_{j=1}^{n}a_{ij}$，$(i=1,2,\cdots,n)$；计算 Mi 的 n 次方根，即 $\overline{W}_i=\sqrt[n]{M_i}$，$(i=1,2,\cdots,n)$，对向量 $\overline{W}_T=(\overline{W}_1,\overline{W}_2,\cdots,\overline{W}_n)$ 进行归一化处理，即 $W_i=\overline{W}_i/\sum\overline{W}_i$，得 $W^T=(\overline{W}_1,\overline{W}_2,\cdots,\overline{W}_n)$ 即为权重向量；计算判断矩阵的最大特征根 $\lambda_{max}=\frac{1}{n}\sum_{i=1}^{n}\frac{A\cdot W_i'}{W_i}$；计算判断矩阵一致性指标 $CI=\frac{\lambda_{max}-n}{n-1}$（$n$ 为判断矩阵的阶数）；计算判断矩阵的随机一致性比较 $CR=\frac{CI}{RI}$。经过计算得到各层次指标 CR 均小于 0.10，均通过一致性检验（表 5-4）。

表5–4　各层次指标权重计算综合结果

	A	A_1	A_2	B_1	B_2	B_3	B_4
W^T	0.500	0.667	0.500	0.493	0.111	0.141	0.276
	0.500	0.333	0.500	0.195	0.301	0.455	0.195
	—	—	—	0.195	0.229	0.263	0.391
	—	—	—	0.116	0.358	0.141	0.138
λ_{max}	2	2	2	4.060	4.050	4.010	4.121
CI	0	0	0	0.020	0.015	0.003	0.040
CR^*	0	0	0	0.022	0.017	0.003	0.044

* $CR < 0.1$ 即通过一致性检验。

根据以上计算结果，可以最终求得评价指标各自的权重（表5–5）。

表5–5　武汉市水环境风险程度评价各指标组合权重

目标层	水环境风险程度评价指标						各指标
	一级指标	权重	二级指标	权重	三级指标	权重	权重
武汉市水环境风险程度（R）	形成原因指标（A_1）	0.5	自然成因指标（B_1）	0.677	人均水资源量（C_1）	0.493	0.164
					产水模数（C_2）	0.195	0.065
					年均降水量（C_3）	0.195	0.065
					森林覆盖率（C_4）	0.116	0.039
			社会成因指标（B_2）	0.333	人口密度（C_5）	0.111	0.019
					土地利用率（C_6）	0.301	0.050
					工业增加值（C_7）	0.229	0.038
					新开工房屋面积（C_8）	0.358	0.060
	表现结果指标（A_2）	0.5	经济社会发展水平指标（B_3）	0.5	人均GDP（C_9）	0.141	0.035
					平均工业能源消费量（C_{10}）	0.455	0.114
					人均寿命（C_{11}）	0.263	0.066
					人均可支配收入（C_{12}）	0.141	0.035
			水污染负荷指标（B_4）	0.5	综合水质类别（C_{13}）	0.276	0.069
					废水排放总量（C_{14}）	0.195	0.049
					综合污染指数（C_{15}）	0.391	0.098
					污水处理设施数（C_{16}）	0.138	0.035

5.2.3 指标取值及划分灰类

在确定各指标的权重后，下一步即通过对各个指标的值进行计算并对计算的结果进行综合的评价和分析。研究采用的评价方法是基于三角白化权函数的灰色评价法，该评价法是刘思峰首次提出的灰色评价新方法，具有通俗易懂、层次清晰、各层指标之间综合效果和整体水平具有可比较性的特点。其基本原理是根据灰色评价法的数学原理，按照评估要求所需划分的评价等级数即灰类数，将各个指标的取值范围也相应地划分为若干个灰类，然后建立隶属于各个灰类的三角白化权函数，计算出其属于各个灰类的隶属度，再计算对象关于各个灰类的综合权系数，最后以取大原则判断某一评估对象隶属于某个灰类的程度[56]。

根据《中国统计年鉴》《中国环境年鉴》《武汉市统计年鉴》等相关资料，按照上节所建立的指标体系确定各个所列指标的数值。结合武汉市和湖北省的实际情况和平均水平对武汉市水环境风险程度指标体系中的各个指标划分为“灰类Ⅰ”“灰类Ⅱ”“灰类Ⅲ”3个灰类（表5-6）。

表5-6 武汉市水环境风险程度评价各指标取值及其灰类划分

A_i	B_i	C_i	单位	实现值（X_i）	灰类Ⅰ（a_1，a_2）	灰类Ⅱ（a_2，a_3）	灰类Ⅲ（a_3，a_4）
形成原因指标（A_1）	自然成因指标（B_1）	人均水资源量（C_1）①	立方米/人	1 018.61	250，500	500，1000	1 000，1 500
		产水模数（C_2）	万立方米/平方米	89.8	15，30	30，60	60，100
		年均降水量（C_3）	毫米	1 100	250，500	500，800	800，1 500
		森林覆盖率（C_4）	%	26.63	8，15	15，30	30，40
	社会成因指标（B_2）	人口密度（C_5）	人/平方米	985	100，200	200，600	600，1 500
		土地利用率（C_6）	%	83.47	30，60	60，80	80，90
		工业增加值（C_7）	亿元	2 123.54	500，1 000	1 000，2 000	2 000，3 000
		新开工房屋面积（C_8）	万平方米	2 626.27	500，1 000	1 000，2 000	2 000，3 000

续表 5–6

A_i	B_i	C_i	单位	实现值（X_i）	灰类Ⅰ（a_1，a_2）	灰类Ⅱ（a_2，a_3）	灰类Ⅲ（a_3，a_4）
表现结果指标（A_2）	经济社会发展水平指标（B_3）	人均 GDP（C_9）	元 / 人	58 961	20 000，40 000	40 000，60 000	60 000，80 000
		平均工业能源消费量（C_{10}）	吨	0.29	0.8，0.15	0.15，0.25	0.25，0.35
		人均寿命（C_{11}）	岁	78	35，75	75，80	80，85
		人均可支配收入（C_{12}）	万元	2.08	1，2	2，2.5	2.5，3.5
	水污染负荷指标（B_4）	综合水质类别（C_{13}）	类	4（Ⅳ）	1，2	2，4	4，6
		废水排放总量（C_{14}）	万吨	78 376.66	18 000，35 000	35 000，65 000	65 000，80 000
		综合污染指数（C_{15}）	—	10.27	2，4	4，8	8，15
		污水处理设施数（C_{16}）	套	251	120，250	250，850	850，1 500

注：①人均水资源量中水资源总量为地表水和地下水资源量之和。武汉市 2010 年地表水资源量 $85.32\times10^8\text{m}^3$，地下水资源量 $12.09\times10^8\text{m}^3$，水资源总量 $76.62\times10^8\text{m}^3$；②人均可支配收入取人均城镇居民可支配收入；③综合水质类别的划分方法具体见“附件 1：武汉市地表水环境质量监测简报有关评价方法及说明”，本指标选取 1、2、3、4、5、6 分别对应Ⅰ、Ⅱ、Ⅲ、Ⅳ、Ⅴ、劣Ⅴ。根据《2011 年 9 月份武汉市水环境质量监测简报》，对武汉市 11 个河段 69 个湖泊的综合水质类别赋值后，取平均值为 4；④根据《2011 年 9 月份武汉市水环境质量监测简报》，对武汉市 11 个河段 69 个湖泊的综合污染指数取平均值。

（数据来源：综合参考《2010 年武汉市水资源公报》《武汉统计年鉴 2011》《武汉市土地利用总体规划（2006-2020）》《2011 年 9 月份武汉市水环境质量监测简报》《中国环境年鉴 2010》）

5.2.4 计算各指标对应灰类的隶属度

5.2.4.1 基于三角白化权函数的灰色评价模型原理

基于三角白化权函数的灰色评价的原理是设有 n 个对象，m 个评估指标，s 个不同的灰类，对象 i 关于指标 j 的观测值为 X_{ij}，$i=1,2,\cdots,n$；$j=1,2,\cdots,m$。根据 X_{ij} 的取值，对其对应的 i 进行评估诊断[57]。具体步骤如下：

（1）按照评估要求所需划分的评价等级数即灰类数s，将各个指标的取值范围也相应地划分为s个灰类，例如将指标j的取值范围$[a_1, a_{s+1}]$，划分为s个区间：$[a_1, a_2]$，…，$[a_{k-1}, a_k]$，…，$[a_{s-1}, a_s]$，$[a_s, a_{s+1}]$。其中，a_k（k=1，2，…，s，s+1）的值一般可根据实际情况的要求或定性研究结果确定。

（2）$\lambda_k=(a_k+a_{k+1})$令属于第k个灰类的白化权函数值为1，连接$\left(\frac{a_k+a_{k+1}}{2},1\right)$与第$k$–1个灰类的起点$a_{k-1}$和第$k$+1个灰类的终点$a_{k+1}$，得到$j$指标关于$k$灰类的三角白化权函数$f_j^k(x)$（$j$=1，2，…，$m$；$k$=1，2，…，$s$）。对于$f_j^k(x)$和$f_s^k(x)$，可分别将$j$指标取数域向左、右延拓至$a_0$,，$a_{s+2}$，如图5–3。

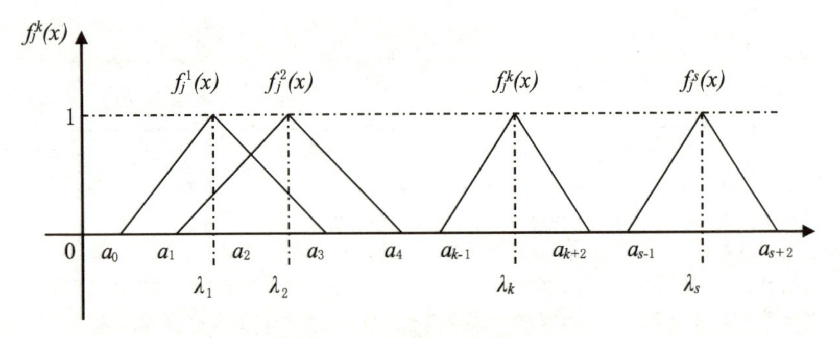

图5–3　三角白化权函数示图

对于指标j的一个观测值x，可由公式（5–1）计算：

$$f_j^k(x)=\begin{cases}0 & X\notin[a_{k-1},a_{k+2}]\\ \dfrac{X-a_{k-1}}{\lambda_k-a_{k-1}} & X\in[a_{k-1},\lambda_k]\\ \dfrac{a_{k+2}-X}{a_{k+2}-\lambda_k} & X\in[\lambda_k,a_{k+2}]\end{cases} \tag{5–1}$$

计算出其属于灰类k（k=1，2，…，s）的隶属度$f_j^k(x)$，其中$\left(\frac{a_k+a_{k+1}}{2},1\right)$。

（3）对象i关于灰类k的综合权系数，可由式（5–2）计算：

$$\delta_i^k = \sum_{j=1}^{m} f_j^k(x_{ij}) * \eta_j \qquad (5\text{–}2)$$

其中$f_j^k(x_{ij})$为对象i在指标j下属于灰类k白化权函数；η_j为指标j在综合聚类中的权重。

（4）由式（5–3）计算：

$$\max_{1\leqslant k\leqslant s}\{\delta_i^k\} = \delta_i^{k^*} \qquad (5\text{–}3)$$

判断对象i属于灰类k^*；当有多个对象同属于灰类k^*时，还可以进一步根据综合聚类系数的大小确定同属于灰类k^*的各个对象的优劣或位次。

评价过程把各个二级子目标当作一个对象，计算出其关于灰类的综合权系数，然后乘上各自权重并累加，即可得到上一级目标的综合权系数。

5.2.4.2 基于三角白化权函数的灰度划分

表5–6中的所有指标的取数域延拓值如表5–7所示。根据公式（5–1）分别计算各个分指标“灰类Ⅰ”“灰类Ⅱ”“灰类Ⅲ”3个灰类的白化权函数值，得C层指标白化权函数如表5–8所示。

表5–7　实施评价指标数域延拓值

指标	C_1	C_2	C_3	C_4	C_5	C_6	C_7	C_8
a_0	100	10	100	5	50	10	100	100
a_5	3 000	200	3 000	80	3 000	100	10 000	6 000
指标	C_9	C_{10}	C_{11}	C_{12}	C_{13}	C_{14}	C_{15}	C_{16}
a_0	10 000	0.1	65	0.5	0	10 000	1	10
a_5	150 000	1	100	7	7	150 000	30	3 000

根据表5–8中每一列中的最大值可以判断各个指标所属的灰类。由计算结果可以看出，三级指标中C_{16}属第一灰类，C_{12}、C_{13}属第二灰类，C_1、C_3、C_4、C_5、C_6、C_8、C_{11}、C_7、C_9、C_{10}、C_{14}、C_{15}属第三灰类。

由于C_i层各个指标和武汉市水环境风险程度的正负相关性不同

（表 5-8）。对相关性为负的指标，即指标值越大水环境风险程度越差，或水环境风险程度越差指标值越大的 C_5、C_7、C_8、C_{13}、C_{14}、C_{15} 取 $\max[1= f_{C_i}^k(x)]$ 作为修正。

表5-8 C_i 层指标隶属度

指标	C_1	C_2	C_3	C_4	C_5	C_6	C_7	C_8
$f^1(x)$	0	0	0	0.18	0	0	0	0
$f^2(x)$	0	0	0	0	0	0	0	0
$f^3(x)$	0.69	0.92	0.92	0.58	0.92	0.94	0.75	0.96
max(*fx*)	0.69	0.92	0.92	0.58	0.92	0.94	0.75	0.96

指标	C_9	C_{10}	C_{11}	C_{12}	C_{13}	C_{14}	C_{15}	C_{16}
$f^1(x)$	0.03	0.51	0.08	0.42	0	0	0	0.90
$f^2(x)$	0	0	0	0.86	0.67	0	0	0.30
$f^3(x)$	0.63	0.93	0.40	0.08	0.67	0.92	0.84	0
max(*fx*)	0.63	0.93	0.40	0.86	0.67	0.92	0.84	0.90

得到 C_i 层各指标对应的灰类隶属度以后，根据 C_i 层各指标 $f^1(x)$、$f^2(x)$、$f^3(x)$ 的值以及权重 η_j。通过公式 $\delta_i^k = \sum_{j=1}^{m} f_j^k(x_{ij}) * \eta_j$ 分别计算出二级子目标 B_i 的聚类权系数 δ_i^1、δ_i^2、δ_i^3，再经过比较取其中的最大值 $\max(\delta_{B_i}^k)$ 即 Bi 的综合聚类权系数。得到 B_i 层各指标对应的灰类隶属度以后，同理，由公式 $\delta_{A_i}^k = \sum_{1}^{j} \delta_{B_j}^k * \eta_{B_j}$ 可以计算出 A_i 子目标的综合聚类权系数。同理，可以进一步计算得到武汉市水环境总体风险综合聚类权系数的值。

表5-9 B_i 层、A_i 层和 R 指标隶属度

指标	B_1	B_2	B_3	B_4	A_1	A_2	R
$f^1(x)$	0.02	1.00	0.32	0.99	0.35	0.65	0.50
$f^2(x)$	0	1.01	0.12	0.72	0.33	0.42	0.38
$f^3(x)$	0.77	0.10	0.63	0.17	0.55	0.40	0.48
max[*f*(*x*)]	0.77	1.01	0.63	0.99	0.55	0.65	0.50

5.2.5 基于评价结果的分析

从上节的计算结果可以看出武汉市水资源量较丰富，森林覆盖处于较高水平；人口密度较高、土地利用率也较高、工业增加值和新开工房屋量也高于全国平均水平；人均 GDP、平均工业能源消费、人均寿命和城市居民人均收入也在全国副省级城市中处于中上水平；农业现代化水平、高中入学率等指标都处于中等水平；但同时，综合水质类别较低，废水排放总量和综合污染指数较高，污水处理设施数和其他主要全国副省级城市相比也相对较少。

综合而言，武汉市水环境风险水平的计算结果处于第一灰度。假设相对于 R “灰度Ⅰ”“灰度Ⅱ”“灰度Ⅲ”分别对应“风险较高”“风险一般”“风险较低”，那么，武汉市水环境风险水平目前处于“风险较高”水平。从形成原因方面看，武汉市水环境自然条件相对较好，社会发展对水环境有一定负面影响；从结果表现方面来看，经济、社会水平发展基本面较好，但水污染负荷程度较高，并成为最终反映水环境风险的主要因素。

5.3 武汉市水环境风险水平预测

5.3.1 情景分析和方案设定

基于前文分析，为进一步对于武汉市未来水环境风险水平进行预测分析，需要首先对未来武汉市经济、社会发展状况进行情景分析和方案设定。

情景分析需要考虑未来武汉市所处的中国经济社会发展的总体环境和走势。对经济增长的预测主要来自于对其他经济发展研究的回顾和分析，但进行到 2050 年的中长期经济增长分析的研究还很有限，目前较多的是讨论 2020 年以及 2030 年的经济增长。最近的一些对于经济发展的研究，由于近期中国经济的快速增长而显得更加乐观。这里选择较高的经济增长情景，在这种情景下，中长期的发展目标是实现国家经济发展的三步走目标，即到2050年中国经济达到目前发达国家水平。在这种模式下，由于国内外市场环境的变化，中国产业结构将面临调整、重组。加入WTO后，中国产业更加充分地国际化。未来十几年内，中国将成为国际制造业中心，出口成为拉动经济增长的重要因素。考虑到中国经济的快速发展，2030年之后，GDP的主要支持因素则变为以内需增长为主，国际常规制造业的竞争力因劳动力成本的快速上升而下降。通过采取一系列行之有效的措施，经济结构不断改善，产业结构逐步升级，先进产业的国际竞争力日渐增强，使中国经济仍能在不断调整中以较为正常的速度发展，估计2000—2050年，中国经济增长率和部门结构见表5-10、表5-11。

表5—10　2000—2050年中国各部门GDP增长率　（单位:%）

年份（年）	2005—2010	2010—2020	2020—2030	2030—2040	2040—2050
GDP	9.67	8.38	7.11	4.98	3.60
第一产业	5.15	4.23	2.37	1.66	1.16
第二产业	10.32	8.27	6.39	3.80	2.46
第三产业	10.17	9.35	8.39	6.19	4.48

表5–11　不同年份各部门GDP构成比例　（单位:%）

年份（年）	2005	2010	2020	2030	2040	2050
第一产业	12.4	10.1	6.8	4.3	3.1	2.5
第二产业	47.8	49.2	48.7	45.5	40.6	36.4
第三产业	39.8	40.8	44.5	50.2	56.2	61.2

5.3.2　不同情景下的风险预测

将武汉市未来10～15年社会经济发展方案分别设计成以下3种情景:“基准情景”“优化情景”和“绿色低碳情景”。

（1）基准情景：固定资产投资、财政收入、城区居民人均可支配收入和农民人均现金收入都有较大幅度增长，但城镇化进展受到户籍、资源和城市配套设施的限制；所采取的节能减排措施和水环境保护措施力度不够或效果不明显；新兴产业进一步获得发展，但是高耗能、高污染的产业仍占经济结构中的主导地位；节能、环境保护和治理技术有所进步，但仍不能起到有力的支撑作用。

（2）优化情景："两型社会"建设顺利推进，产业结构得到有效改善，高能耗、重污染的产业比例持续下降；制定了一系列的降低能耗和保护、治理环境的措施；城市公共交通发展取得明显效果；交通、建筑的污染控制标准更加严格；社会基本形成了绿色低碳的生产、生活和消费模式；以武汉市为核心的城市群成为中西部城市群中的代表。

（3）绿色低碳情景："两型社会"建设取得重要成果，武汉市"中心城市"的地位基本确立；经济结构取得极大优化，绿色、低能耗、高附加值的现代服务产业成为经济发展的主要驱动力；城市以公共交通（TOD）和自行车为导向，注重中心城区和远城区的统筹协调发展；能源消耗结构中，非清洁能源消耗比例持续下降，可再生能源比例持续上升；严格制定降低能耗和保护、治理环境的措施并取得显著效果；社会全面形成了绿色低碳的生产、生活和消费模式；以武汉市为核心的城市群成为中国经济增长"第四极"的代表。

分别在不同的情景下选取具有代表性的自然成因指标人均水资源量（C_1）、具有代表性的社会成因指标人口密度（C_5）、具有代表性的体现经济社会发展水平指标人均GDP（C_9）、具有代表性的体现水污染负荷指标水环境综合污染指数（C_{15}），分别按照"基本模式""优化模式"以及"绿色低碳模式"3种情景设定，对4个指标2010—2050年期间的变化情况进行模拟和预测，如图5-4至图5-7所示。

从图5-4中可以看出，2010—2050年期间，分别在"基本模式""优化模式"以及"绿色低碳模式"下人均水资源量都呈下降趋势。但是在"绿色低碳模式"下，人均水资源量下降的幅度要小于在"优化模式"下的下降幅度，而"优化模式"下的下降幅度又小于"基本模式"下的下降幅度。

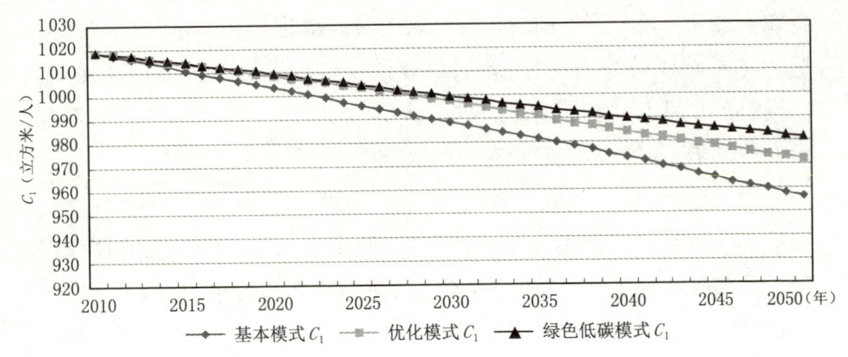

图5-4　不同情境模式下 C_1（人均水资源量，立方米／人）预测值对比

从图 5-5 中可以看出，2010—2050 年期间，分别在"基本模式""优化模式"以及"绿色低碳模式"下人口密度都呈先升后降的趋势，变化的拐点大致出现在 2020—2025 年期间。在"绿色低碳模式"下，人口密度下降的幅度要略大于"优化模式"下的下降幅度，而"优化模式"下的下降幅度又略大于"基本模式"下的下降幅度。这主要是由于执行不同严格程度计划生育政策的差异产生的后果。而"先升后降"的变化特点主要是由于中国逐渐进入老龄化社会的趋势所致。

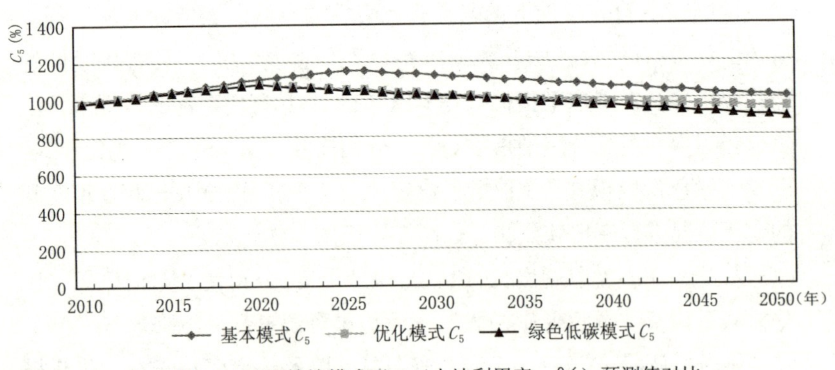

图5-5　不同情境模式下 C_5（土地利用率，％）预测值对比

从图 5-6 中可以看出，2010—2050 年期间，分别在"基本模式""优化模式"以及"绿色低碳模式"下人均 GDP 都呈现逐渐上升趋势，在"绿

色低碳模式”下人均GDP上升的幅度要大于“优化模式”下的上升幅度，而“优化模式”下的上升幅度又大于“基本模式”下的上升幅度。在2035年左右，各个模式下人均GDP上升速度逐渐放缓，这主要是中国GDP总量逐渐占据世界首位后经济发展速度趋缓所致。

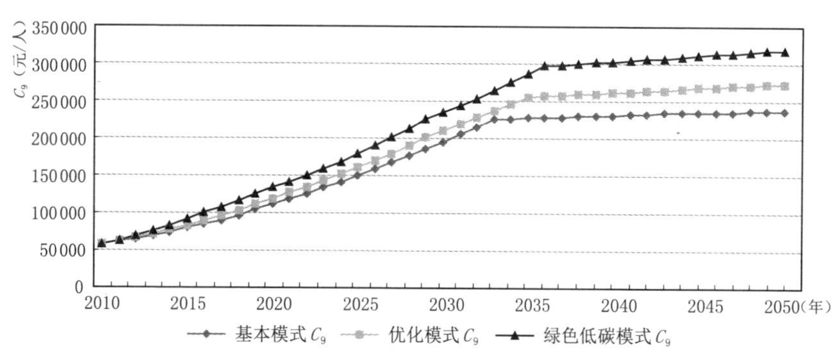

图5-6　不同情境模式下 C_9（人均GDP，元／人）预测值对比

从图5-7中可以看出，2010—2050年期间，分别在“基本模式”“优化模式”以及“绿色低碳模式”下水环境综合污染指数都呈现逐渐下降趋势，在“绿色低碳模式”下人均GDP下降的幅度要大于“优化模式”下的下降幅度，而“优化模式”下的下降幅度又大于“基本模式”下的下降幅度。

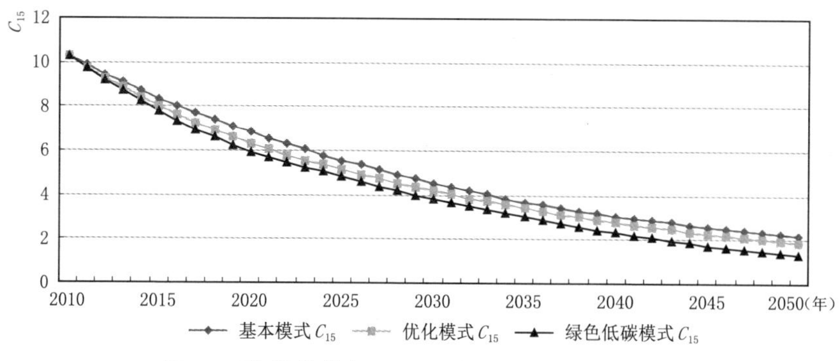

图5-7　不同情境模式下 C_{15}（综合污染指数）预测值对比

经过对不同情景模式主要指标的预测和模拟，基于前文所确定的指标权重和灰色评价方法，可以发现，到2015年“绿色低碳模式”下武汉市水环境风险总体水平达到“较小”；到2017年“优化模式”下武汉市水环境风险总体水平达到“较小”；到2020年“基本模式”下，武汉市水环境风险总体水平达到“较小”。

到2020年的时候，虽然不同情景模式下武汉市水环境风险总体水平都达到“较小”，但是武汉市水环境风险指标体系下的水污染负荷综合聚类权系数在“基本模式”下为0.77，处于“较差”水平；在“优化模式”下水污染负荷综合聚类权系数，处于“一般”水平；在“绿色低碳模式”下，水污染负荷综合聚类权系数为0.51，处于“较好”水平。可见，不同模式下对于防治水环境污染的力度和效果存在差别。

6 武汉市水环境管理战略目标及措施

6.1 武汉市水环境管理战略目标

6.1.1 指导思想

总体而言，要实现武汉市水环境风险管理战略思路上的根本转变，具体包括如下几方面。

（1）发展模式上，从污染防治到产业优化，再到全面绿色低碳的发展转变。转变的实质是从水环境保护的根源出发，改变水环境“先污染、后治理”的逻辑，除了提高重点行业水环境污染物处理的技术创新水平外，核心是优化武汉市的产业结构，积极发展新兴产业，促进产业规模发展、高端发展、绿色低碳发展，降低产业结构性不合理、经济发展方式落后对水环境风险管理带来的不利影响因素。

（2）污染控制上，从离散点源控制到路径控制，再到空间面域控制的转变。逐步改变传统的以点源控制污染的模式，逐渐按照空间逻辑建立点源之间空间路径，进而形成基于空间网络的水环境保护面域，同时，将水污染控制的点源、路径和面域相结合。对水环境可以承受的污染负荷承载力提供实时、动态的监控，并在合理的范围内优化空间点、线、面的污染负荷，为实现武汉市水环境风险管理目标提供保障。

（3）管理目标上，从水环境质量管理到水生态安全，再到实现繁荣水文化的转变。针对水环境受经济、社会发展影响逐步呈现出的多样性和复合型的特点。传统的常规评价因子和评价方法已经不能满足判断整体水环境安全性的要求。在水环境风险管理的目标制定上应该逐步由单一的水环境质量管理上升到对整个水生态安全的维护。而根据武汉市先天的水资源优势和未来的发展定位，如何繁荣“东方水都”的水文化是未来城市水环境风险管理目标转变的思路。

6.1.2 战略目标

到 2020 年，武汉市水环境风险管理的战略总目标是:在基本实现绿色低碳发展的情景模式下，依据武汉市独特的水资源条件，围绕武汉市“中心城市”建设和“两型社会”建设的需要,以建设“东方水都”和繁荣城市水文化为核心，建立立体的水生态安全保护系统和风险管理机制，逐步实现 3 个“推动”。

（1）推动城市水环境风险管理与水生态保护成为城市可持续发展、实现绿色低碳发展模式的重要基础。城市水环境治理与水生态保护是充分发挥武汉市丰富水资源的战略优势的基础。随着城市化进程的加快、水环境潜在风险的增加，如果不能很好地完成水环境风险管理与水生态保护与修复，就无法实现城市的可持续发展。绿色低碳发展模式可以为营造良好水环境提供推动力，同时营造良好的水生态环境也可以吸引人才，促进科技创新，为绿色低碳发展模式提供支撑。

（2）推动城市水环境风险管理、水生态保护与修复逐步成为引导城市空间有序拓展的重要手段。将城市水环境风险管理与保护和合理利用城市土地资源、绿化等其他重要生态资源相结合，构建科学安全的生态格局，同时推动其成为城市空间管制和引导城市空间有序拓展的重要手段。为提高土地使用效率，实现集约式发展，需对市域空间资源进行统一、高效管理，逐步形成以现代服务业为重点的中心城和以现代制造业为重点的新城组群，构筑分工合理、高效有序、集约用地的产业空间格局和生产生活相对平衡、生态环境优良的生活空间体系。依托武汉市的水系生态环境，引导城市外围良好的生态环境深入城市中心。

（3）推动良好的水生态环境成为体现武汉市城市特色人居环境的重要载体。武汉市丰富的城市水资源造就了城市滨江、滨湖的特色。良好的水生态环境可以成为特色城市之路的主要载体。以水为主的自然生态格局作为武汉市生态城市的重要内容，一方面，可以营造独特的滨江、滨湖人居环境，对内改善城市居住适宜性；另一方面，可以传承和升华以水为载体的城市文化名片，对外提升城市吸引力。

6.2 构建“东方水都”目标的水环境管理战略措施

6.2.1 突出城市发展定位

武汉市水环境风险管理实践首先需要以前瞻的眼光、务实的态度，突出城市发展的定位以及相应的标准和要求。2011 年底，武汉市第十二次党代会上，首次将“建设国家中心城市”作为奋斗目标，写入到该市党代会报告中。将武汉市的城市发展定位于建成全国第六座国家中心城市，符合武汉市的实际情况，同时，也为武汉市未来的发展带来了巨大的机遇与挑战。

武汉市水环境风险管理的实践应该严格按照“建设国家中心城市”的城市发展定位来进行要求，并为实现这一目标而服务。此外，在实现这一目标的过程中，武汉市应该突出与其他 5 个国家中心城市的区别，着力打造自己的城市特色和城市文化。基于此，发挥武汉滨江、滨湖优势，展示“东方水都”的魅力就显得尤其重要。

因此，对于武汉市水环境的管理，不但要科学地、合理地将水环境风险降至最低水平，保证安全的城市水生态环境，更要谋划如何与城市经济、社会以及空间发展相协调，同时承担体现城市魅力，凸显城市文化等深层次的功能。

6.2.2 着眼经济转型目标

经济转型是经济发展方式的转变，是经济结构的提升，是支柱产业的替换。国家“十二五”发展规划明确提出一个主题和一条主线，即以科学发展为主题，以加快转变经济发展方式为主线。加快经济发展方式转变是适应全球需求结构重大变化、增强我国经济抵御国际市场风险能力的必然要求；是提高可持续发展能力的必然要求；是在后国际金融危机时期国际竞争中抢占制高点、争创新优势的必然要求；是实现国民收入分配合理化、促进社会和谐稳定的必然要求；是适应实现全面建设小康社会奋斗目标新要求、满足人民群众过上更好生活新期待的必然要求。

对于正在努力“跨越式发展”的武汉市，应更好地贯彻科学发展，加快转变经济发展方式，加快武汉产业结构的调整优化步伐，加大战略性新兴产业和资金、技术密集型产业所占比重，尽快实现绿色低碳经济发展模式。武汉市在实现科学地对水环境进行风险管理的过程中应该积极贯彻科学发展，并为加快转变经济发展方式。

6.2.3 提高空间管理科学性和强制性

2010年获得国务院批复的《武汉市城市总体规划（2010—2020年）》为未来武汉市合理利用城市土地、协调城市空间布局和各项建设所做的综合部署和具体安排提供了科学指导。

在武汉市水环境风险管理的过程中，应该积极贯彻总体规划的实现，提高水环境空间管理的科学性，为加快实现“1+6”布局转型，在中心城区和新城区间建生态隔离带，防止中心城区继续“摊大饼”，凸显“东方水城”风貌而服务。

此外，应该合理利用规划手段，在空间上为城市水体设置“保护圈”，严格控制人为因素对城市水体空间形态的破坏和影响。进一步探索“三线一路”控制措施，分别通过蓝线（水域控制线）、绿线（绿化控制线）、灰线（建筑控制线）、环湖道路来为城市湖泊等水体设置“保护圈”。“三线”划定后，蓝线、绿线之内不得任意开发，灰线内的建设要与滨水环境相协调，并且限制环湖无序开发，保护湖泊资源、水环境景观的公共性和共享性。

6.2.4 科学调动并协调各种管理资源

市政府在城市水环境风险工作中担负着十分重大的责任，在政府高度重视和支持的前提下，还要科学选择介入的范围和方式。政府要在对水环境风险的研究和评价中起主要作用，在科学研究的基础上制定并统一水环境风险评价标准，并严格立法规定各经济主体的行为方式。除了法律、法规和各项标准规则的制定之外，政府要提高协调水环境风险相关的各方利益的能力，积极吸引投资主体为水环境治理和风险防范服务。

采用信息公开的方法，促使企业在承担社会责任方面付出努力。一方面对排污企业的排放规模和超标情况进行监控和公开，另一方面接受企业对水环境防治方面的资金和技术捐助并公开其贡献情况。利用这两方面，在公众心中树立企业的社会形象，利用环保市民的消费力量左右重视商誉的企业的行为模式。培育非政府组织（NGO），通过公益的宣传活动、网络平台和居民进行沟通交流来促进全民参与，对社会公众进行环境保护教育，并与专家和媒体合作对城市湖泊污染进行披露和诉讼。

采用环保教育和水资源环境证券化的手段，使市民企业和非政府环保组织跟城市水环境之间建立起一种经济利益的联系，以充分调动全社会守法、环保的社会公众的监督力量。

6.2.5 进一步完善立法体系

一方面对武汉市水环境特点、水文情况以及水生物进行详细的研究;对水体的自净能力进行科学的评估;对影响水体水质的污染物进行探研。经过详细的、系统的研究，找出影响湖泊水质的各种污染物，并根据湖泊水体的具体情况和自净能力，评估在湖泊可承受范围的纳污能力。另一方面积极调研，对城市水体周围的企业和居民区的排水系统进行调查，并利用现有的水文和环境监测点对水质进行统计研究，研究入湖水源的具体情况，分析水环境污染和潜在污染的准确来源。

在深入研究的基础上，完善湖泊保护的法律、法规和相关的标准。在《环境保护法》《环境影响评价法》《水法》《水污染防治法》等国家现行法规的框架下进一步完善地方法规，使现行的法律体系科学合理且具有操作性。对现行的对城市水环境质量和风险进行评估的标准和方法进行规范化和统一化。设定明确和严格的处罚措施，提高破坏水环境违法行为的成本。

6.2.6 积极尝试管理创新

积极尝试武汉市水环境风险管理创新，将新的管理要素（如新的管理方法、新的管理手段、新的管理模式等）或要素组合引入水环境风险管理系统中，以求更有效地实现组织目标的创新活动。结合武汉市的实际情况，在排污许可证制度和排污权交易机制、水资源环境证券化方面可以做创新尝试。

一是尝试推行已经在西方比较成熟的排污许可证制度和排污权交易机制，科学分配排污权。综合衡量水体的纳污自净能力和市政府的污水处理能力，确定污染物的控制总量。在此总量之内发放排污许可证，由污染企业进行申报之后，领取许可证，并在规定的指标之内进行污水排放。其排放的污水流至由政府运营的污水处理设施，进行处理之后再排入城市水体中。并且相应开展对排污许可证的管理，构建排污许可证交易平台。

二是由政府、公益组织和环保企业主导，对城市水环境实施证券化操作，一方面为城市水环境保护融集资金，另一方面调动广大市民参与城市水环境保护的积极性，同时还可以推动城水环境污染与治理信息的公开。在排污许可证制度和排污权交易的基础上，由政府主导对城市水环境污染治理这一经济行为进行金融创新。

6.2.7 提升科技支撑水平

提高水环境风险管理水平需要强有力的科技支撑。围绕武汉市水环境风险管理的目标，采用“调查研究—科学问题凝练—关键技术自主创新—工程示范”的思路，紧密结合武汉市经济社会发展战略、环境污染控制目标和地方政府需求，在流域水环境承载力研究的基础上，充分发挥科学家的核心作用，同时调动政府、企业和公众的积极性，开展全市社会、经济、饮用水安全保障和水生态环境调查，科学制定武汉市绿色流域建设规划方案，建立武汉市水环境监控预警与生态综合管理平台，综合运用法律、经济、技术和必要的行政手段解决湖泊水污染问题;并采用系统的技术集成，实现工程示范区水环境的明显改善，为解决武汉市全市水污染、城镇水环境防治和重点工业源、饮用水安全与富营养化控制等具体问题提供基础技术支撑。以市场为导向，形成一批自主创新关键共性技术、设备和治理管理平台，建立一批环保治理产品研发基地、水环境研究与治理基地、监测与观测预警基地和大型企业联盟。

目前，我国的环境保护产业建设随着我国加入WTO以及国际市场化步伐加快发展，具有自主创新、自主知识产权的环境保护技术已相当成熟，并且产业化时机也已成熟。围绕武汉市水环境风险管理，研究取得的具有自主知识产权的核心技术将进一步用于我国大城市水环境综合治理，在环境监测、环境保护、污染控制、水质改善工程、河道治理和修复工程、湖泊富营养化控制及综合治理，以及湿地自然保护区管理和保护方面也将有广泛的应用前景，因此，其推广前景十分广阔。

6.2.8 加大湖泊专项保护力度

保护生态环境是可持续发展的必经之路，这几乎成为了常识，但是我们却没有很好地做到这一点。在进行调查的过程中我们发现，除了少数高档小区的湖泊被开发商有效地保护起来，其余有很多湖泊是没有被重视的。有些湖泊在居民区附近，人们制造的生活垃圾和废水都直接倾入湖泊当中，造成了湖泊的严重污染。相关部门需加大力度进行宣传，加强人们对湖泊的保护意识，让人们能够更清楚地认识到湖泊生态环境的重要性。同时也可以设立一些奖惩措施，督促每一个市民都参与其中。

虽然，武汉市经过多年努力，构建了以《武汉市水资源保护条例》《武汉市湖泊保护条例》等为代表的较完备的地方性涉水法规框架[58]，颁布了《武汉市中心城区湖泊“三线一路”保护规划》并对社会永久公示①，对城市湖泊的水域、绿化、开发控制线和环湖道路进行了控制，并且尝试采取设“湖长制”来发动群众保护湖泊。但是湖泊作为城市的眼睛，需要进一步加大保护力度，特别是防止商品房开发对湖泊的蚕食和私有化。

6.2.9 保护城市水文化特色，延续城市美学

泱泱大武汉，处两江四岸，三镇鼎立，九省通衢，物华天宝；为盘龙之城、黄鹤之乡、明清重镇、首义圣地；载录着大禹治水、屈子行吟、伯牙鼓琴、李白放歌的佳话；上演了北伐战争、“二七罢工”、“八七会议”、“浴血”抗日的史诗。文化是城市的标志、象征、品牌和旗帜，武汉文化之大气、之厚重，历来为世人瞩目。有如此优渥水资源的武汉在水文化方面，目前比较著名的仅有武汉国际渡江节和码头文化。虽然码头文化为世人所知，武汉国际渡江节影响深远，但是这些远远不够。一提到武汉水文化，人们脑海中没有形象的画面，不像杭州，只要一听到这个名字就让人想起水墨江南。

如果把城市比作一个人，那么文化就是这个人的思想，一个人要有无限前途首先就必须要很有思想。因此一个城市要长远发展不仅要注重经济、科技的发展，更要注重文化的传承与宣扬。而对于武汉这样一个水资源丰富的城市，则更要保护城市文化和水文化。想要把武汉打造成水都城市，就必须要加大力度保护水文化特色，首先是发掘整理水文化，然后要通过各种活动来宣传武汉水文化，使得水文化特色深入民心，这样口耳相传也会提高知名度，从而自成一家，只要一

① 《武汉市中心城区湖泊“三线一路”保护规划》于2012年10月公示，见http://www.whylj.gov.cn/html/3xianllu/index.htm。

说到武汉，人们心中就会浮现武汉水文化的形象。

6.2.10 大力发展特色旅游

九省通衢的武汉，因水而兴，得水独优。放眼全球，像武汉这样拥有丰富水资源的城市还真不多见。但武汉的水上旅游却处于一个非常尴尬的境地，黄浦江上看的是上海的“现代”，西湖游船看的是山水人文，水乡乌镇坐船看的是古镇风情，而武汉江湖游看什么？这是需要深入思考的问题。由此可见，发展水上特色旅游对武汉显得尤为重要。基于武汉市优厚的城市水资源、水景观，除了要在传统的旅游形式上创新多样化，进一步加大宣传力度，更重要的是可以充分利用“水上旅游产品”来发展特色旅游，打好武汉市特色“水牌”，让游客在参加活动的同时体验到武汉的特色文化和与水密不可分的城市性格。

7 武汉市湖泊开放空间规划与管理

7.1 本章概述

7.1.1 城市湖泊开放属性与综合功能

城市湖泊作为城市水环境的重要组成部分，常常被誉为城市的“血液”和“眼睛”[59]。Schueler 和 Simpson 对城市湖泊提出了 6 条标准，这些标准除了涉及城市湖泊湖面大小、水深等要素，还强调无论是城市的自然湖泊还是人工湖泊都应该在管理上具有休闲、水供应、防洪或其他直接可为人类利用的功能[60]。此外，城市湖泊不但是体现城市景观特征的重要部分，而且通过增加配套基础设施、提供休闲和教育活动，可以显著提高城市居民生活质量，甚至可以有助于缓解城市气候变化[61-64]。城市开放空间包括城市开敞空间和城市公共空间两个子系统[65]，前者主要指比较开阔、较少封闭和空间限定较少的空间，后者指为多数民众服务的城市公共空间[66]。而城市公共空间本质属性即市民可以自由光顾、自由活动的公众场所，同时也是享受城市生活、体现城市风情、彰显城市个性、领略城市魅力的空间[67]。因此，提高城市湖泊滨水空间开敞程度、可进入程度是充分体现其公共性的首要前提。在世界范围内看，提高城市滨水公共空间的可进入性是成功实现空间再生国际案例中的重要因素，也是实现城市可持续发展的必要条件[68，69]。

城市湖泊属于城市公共空间的一部分。1954年萨缪尔森在《公共支出的纯理论》一文中对公共物品的性质及其有效供给的问题进行了详细的理论探讨，并第一次给出了关于公共物品消费的非竞争性这一特性，提出了公共物品的定义，强调公共物品的不可分割性和非排他性[70]。曼昆则根据竞争性和排他性两种属性对产品进行了综合分类，他将物品分为私人物品、自然垄断、共有资源和纯公共物品[71]。萨瓦斯也通过将“排他性”和“消费性”作为纵横坐标进行分析，指出湖泊是偏向非排他性的共用资源[72]。在曼昆的综合分类下，湖泊资源属于共有资源，而萨瓦斯将其描绘为公用资源，前者是从所有权的角度进行分类，后者是从使用权的角度进行分类。无论哪种分类，城市湖泊的公共属性是无可否认的，即城市湖泊是城市范围内的公共空间资源，而城市湖泊滨湖空间是城市公共空间的重要组成部分。此外，城市湖泊具有消费的竞争性和非排他性，其中非排他性是指每个城市居民都拥有平等的权利使用并享受滨湖空间提供的功能而不能被排除在外。

此外，湖泊资源应具有可进入性。无论何种定义及描述，均强调了湖泊的非排他性，湖泊具有严格的非排他性。后期拥挤状况也只会导致原使用者的效用有所降低，而不会导致使用上形成排他性，也就是城市居民可以广泛地自由进入该空间。从世界范围来看，城市滨水区开放性所强调的是市民的活动要能够自然地融入城市生活的各个方面，就像塞纳河对于巴黎、泰晤士河对于伦敦，多元的活动和有机的交通联系将河岸与城市的工作、居住、休闲紧密地结合起来。提高城市滨水公共空间的可进入性是成功实现空间再生国际案例中的重要因素，也是实现城市可持续发展的必要条件[73]。

从城市湖泊功能来看，主要包括4个方面。第一，湖泊具有调节气候的功能。湖泊是城市内部极为重要的湿地系统，而所有物质中，水的比热容最大，为4 200 J/kg·℃，是调节城市生态圈内温度的最佳媒介，对于城市气候调节，降低城区热岛效应、干岛效应等尤为重要。第二，湖泊具有调蓄雨水的功能。通过湖泊对地面多余积水进行囤蓄，以缓解雨水量在短时间内剧增而给地下管道带来的负荷。第三，湖泊具有养殖功能。良好的湖泊水质可用于发展水产养殖，为城市提供丰富的水产品，同时为渔民创造收入。第四，湖泊具有景观功能。水是生命之源，人们的生活离不开水，也正是这种依存关系引导着人类形成“亲水”的本能，优美的水景使人心旷神怡，而湖泊具有开阔的水面，是良好的景观资源，通过适当的人工保护和绿化等，滨湖空间即是供市民休闲、游憩的重要公共场所。

7.1.2 本章研究概述

随着中国改革开放的深入，中国城市在经济快速发展的同时经历着大量人口涌入和快速城市化的过程[74]。中国住房市场发展时间不长，但快速发展的同时也推动了中国大中城市住房价格持续快速上涨[75]。在此背景下，过度的城市开发和围垦使城市湖泊面积锐减，大量工农业废水、生活污水的排放，使城市湖泊生态系统遭到严重破坏。与此相应，有关中国城市湖泊及其影响的研究逐渐丰富。其中，除了涉及湖泊对自然影响研究及影响范围[76, 77]，还包括城市湖泊景观与周边住房价格之间的关系等[78-80]。多数研究认为城市绿色空间、水系等良好的环境要素在很大程度上改善着城市的基本生活状况，城市湖泊对周边住宅价格有正向增值效应，这与其他国家类似研究结论基本一致[81]。除了对理论模型的关注[59]，遥感数据和GIS分析也常常被引入到涉及城市湖泊空间属性的研究中，包括城市湖泊时空变化[82-84]、水质的空间分布[85]、城市扩张对湖泊的影响[86]，以及综合运用GIS与Hedonic方法对包括城市湖泊在内的城市开放空间的价值评价等[64]。总体而言，现有研究对于城市湖泊与城市的空间关系、城市湖泊开放性程度及其空间特征，特别是对于如何量化衡量城市湖泊开放程度的探讨较少。

基于以上，本章从如何加强湖泊水环境保护、科学对城市湖泊开放空间及岸线进行空间组织和空间管理、实现城市可持续发展出发，以武汉市中心城区三环以内的城市湖泊作为研究对象，在分析湖泊与中心城区空间关系的基础上，尝试通过选取和构建相关指标，对城市湖泊开放程度进行量化分析，利用ArcGIS工具分析指标结果空间分布特征，并对比分析不同空间类型湖泊各类指标上所体现的差异性，从而为深化城市发展与湖泊空间关系的理解、提升城市规划和管理的科学性提供支撑。此外，进一步结合典型案例尝试对影响湖泊开放性的原因及维护城市空间正义的重要性进行探讨。

7.2 研究对象与指标选取

7.2.1 城市中心区域的湖泊

根据2002年3月颁布实施的《武汉市湖泊保护条例》，武汉市中心城区的湖泊为27个。本章将武汉市三环以内设定为中心城区范围，将除南太子湖和三角湖（位于三环线以外）的25个城市湖泊作为研究对象（图7-1）。根据Wu和Xie的测算[84]，这25个城市湖泊，1989—2009年间，平均每个湖泊湖面面积缩减了45.5%（表7-1）。随着武汉市城市化进程加剧和湖泊污染状况日益恶化，湖泊的自然属性不断削弱，生态系统遭破坏[42]，绝大多数城内湖泊均受到严重污染，

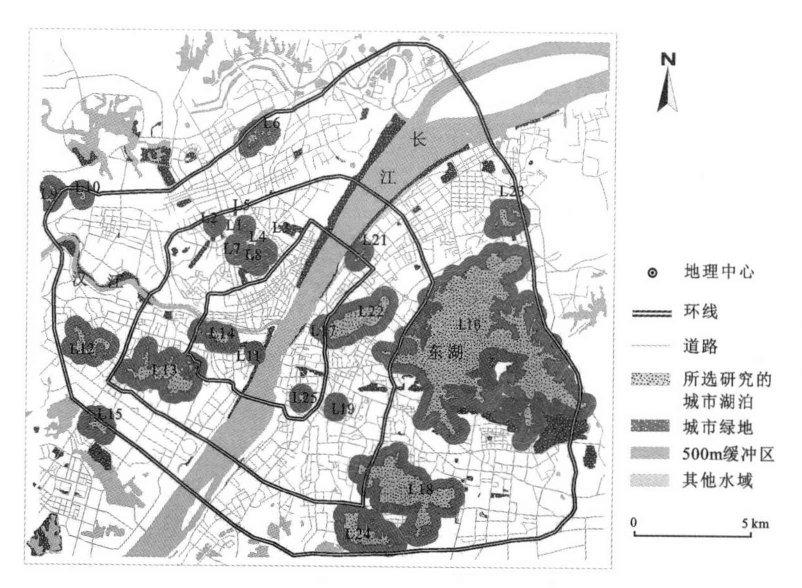

图7-1 武汉市中心城区城市湖泊的空间分布

呈现富营养态势，一些湖泊已达到严重过富营养程度[43]。从2012年的水质检测数据看，选取的25个城市湖泊中，有11个水质为V+，另有6个水质为V，8个水质为Ⅳ。

表7–1　武汉中心城区25个城市湖泊的基本信息

编号	名称	镇区	城区	人口密度（人/平方千米）	空间类型	水质	环线	面积（公顷）	当前功能
L1	北湖	汉口	江汉	14 380	Ⅰ	V+	1–2	9.40	A，C
L2	后襄河	汉口	江汉	14 380	Ⅰ	Ⅳ	1–2	4.28	A
L3	鲩子湖	汉口	江岸	10 578	Ⅰ	V	1–2	9.40	A，C
L4	机器荡子	汉口	江汉	14 380	Ⅰ	Ⅳ	1–2	10.40	A，C
L5	菱角湖	汉口	江汉	14 380	Ⅰ	Ⅳ	1–2	9.02	A，C
L6	塔子湖	汉口	江岸	10 578	Ⅱ	V+	2–3	31.02	A，C
L7	西湖	汉口	江汉	14 380	Ⅰ	Ⅳ	1–2	5.00	A，C
L8	小南湖	汉口	江汉	14 380	Ⅰ	Ⅳ	1–2	3.50	A，C
L9	张毕湖	汉口	硚口	11 518	Ⅱ	V	2–3	48.30	A，B
L10	竹叶海	汉口	硚口	11 518	Ⅱ	V	2–3	18.70	A，B
L11	莲花湖	汉阳	汉阳	5 103	Ⅰ	V+	0–1	7.60	A，C
L12	龙阳湖	汉阳	汉阳	5 103	Ⅱ	V+	2–3	168.00	A，B，D
L13	墨水湖	汉阳	汉阳	5 103	Ⅰ	V+	1–2	363.80	A，D
L14	月湖	汉阳	汉阳	5 103	Ⅰ	V+	0–1	70.80	A，C
L15	北太子湖	汉阳	汉阳	5 103	Ⅱ	Ⅳ	2–3	52.40	A，B
L16	东湖	武昌	跨区	4 438	Ⅱ	V	2–3	3362.74	A，B，D
L17	内沙湖	武昌	武昌	13 425	Ⅰ	Ⅳ	1–2	5.60	A
L18	南湖	武昌	洪山	1 980	Ⅰ	V+	2–3	767.20	A，B
L19	晒湖	武昌	武昌	13 425	Ⅰ	V+	1–2	12.20	A
L20	水果湖	武昌	武昌	13 425	Ⅰ	V	1–2	12.30	A，C
L21	四美塘	武昌	武昌	13425	Ⅰ	Ⅳ	0–1	7.70	A，C
L22	外沙湖	武昌	洪山	1 980	Ⅱ	V+	2–3	307.80	A，C
L23	杨春湖	武昌	洪山	1 980	Ⅰ	V	2–3	57.60	A，B，C
L24	野芷湖	武昌	洪山	1 980	Ⅱ	V+	2–3	161.50	A，B
L25	紫阳湖	武昌	武昌	13 425	Ⅰ	V+	0–1	14.30	A，C

注:1. 人口密度数据源于《武汉统计年鉴2011》;2. 空间类型：Ⅰ–“湖在城中”，Ⅱ–“湖

在城边”；3. 湖泊面积数据来源于《武汉市中心城区湖泊“三线一路”保护规划》，其东湖面积不包括湖中岛屿和道路面积；4. 东湖跨武昌区（人口占21.5%）和洪山区（人口占78.5%）；5.“当前功能”主要参考文献并结合实地考察整理得到，其中：A. 调蓄，B. 养殖，C. 城市公园，D. 风景区；6. 1公顷 =10^4m^2。

7.2.2 城市与湖泊的空间关系

江、河以及湖泊等自然地理要素，塑造了武汉市“大江、大湖”独有的城市空间格局。随着1990年来，武汉市城市建设的大规模增加，城市空间不断向外扩张的速度高于人口增长速度，以至于出现1993—2004年建成区增加100万人，人口密度反而轻微下降的现象[86]。武汉市的空间格局也逐步由单极极化模式向多核模式演变。目前，武汉市空间格局特征包括：①以内环（一环）线、中环（二环）线、外环（三环）线构成环状放射型结构的基本骨架；②在宏观尺度上，多核心在内环线以内共同组成一个路网密集区，内环线路网密度最高（局部超过10km/km^2以上）；③在微观尺度上，在自然地理环境条件的约束下，各个镇区都逐步形成了自己的次核心[87]。

城市空间增长边界（Urban Growth Boundary，以下简称UGB）基本功能是控制城市规模的无节制扩张，是城市增长管理最有效的手段和方法之一[88]。2011年武汉市为促进城市空间集约有序发展，防止“摊大饼式”无序蔓延，确保城市生态安全，以城市总体规划、土地利用总体规划为依据，组织编制了空间管制与实施规划并在该规划中划定武汉市UGB。根据UGB的范围，我们将武汉市的城市湖泊和武汉市中心城区的空间关系划分为3种类型（图7–2），即①“湖在城中”：湖泊位于城市UGB内。这类湖泊都位于城市的成熟建成区。随着城市的扩张，逐渐成为城市主体的一部分，除南湖（L18）外，这类湖泊都位于二环以内（图7–2A）。②“湖在城边”：湖泊紧邻城市UGB。这些湖泊位于城市发展区域，是城市的生态边界，基本位于二环到三环之间或三环边缘（图7–2B）。③“湖在城外”：湖泊位于城市城郊。这些湖泊在城市中心区附近，但在UGB和三环之外，是远城区生态控制区域（图7–2C）。图7–2 C中的25个城市湖泊中有17个属于“湖在城中”（简称SP Ⅰ），其他8个属于“湖在城边”（简称SP Ⅱ）。其中10个位于汉口，10个位于武昌，5个位于汉阳；除东湖跨城区外，其他24个湖泊分别位于6个人口密度不同的中心城区：江汉、江岸、硚口、汉阳、武昌、洪山（表7–1）。此外，25个城市湖泊中3个位于一环内，13个位于一环与二环间，9个位于二环与三环间（图7–1，表7–1）。

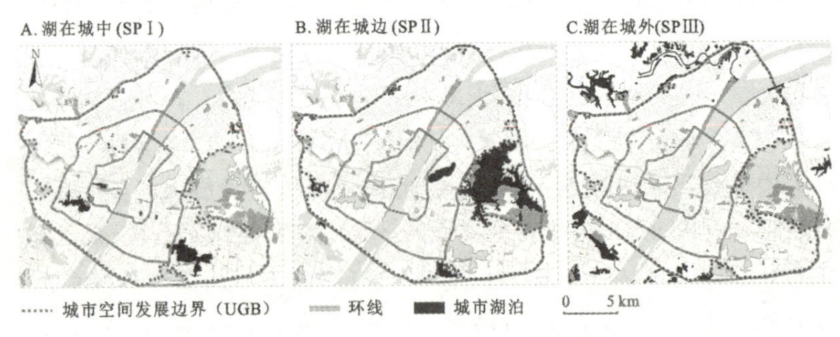

图7–2 武汉市湖泊与城市的三种空间关系

7.2.3 湖泊开放性程度指标选取

为了更好地量化分析武汉市中心城区湖泊开放性程度，在ArcGIS工具的支持下，我们借鉴2012年12月公示的《武汉市中心城区湖泊“三线一路”保护规划》（以下简称“三线一路规划”）中的基础指标和数据，并根据本章分析的实际需要，对部分相关指标进行了改进和延伸。

“三线一路规划”主要思路是通过对湖泊“蓝线”（水域控制范围）、“绿线”（绿化控制范围）、“灰线”（建筑控制范围）和“环湖道路”4个方面为武汉市中心城区湖泊提供空间约束和保护（图7–3）。基于“三线一路”规划中蓝线面积（BS）、蓝线长度（BL）、绿线面积（GreS）、灰线面积（GraS）、环湖开敞空间面积（OS）、环湖公共绿地见水道路长度（GL）和湖泊外围车行道路长度（VL）这些基础控制指标，进一步衍生强度性指标：反映滨湖绿化及公共绿地围合度的绿化岸线开敞率（RG）以及反映滨湖开敞度和环湖建设围合度的环湖开敞空间岸线率（RL）（图 7–3）。

其中：RG 是环湖公共绿地看到水面的道路长度与外围城市车行道路总长度的百分比［式（7–1）］；RL 是滨湖外围城市车行道路上能到水面的城市道路总长度（TWL）与外围城市车行道路总长度的百分比［式（7–2）］：

$$RG=100 \cdot \frac{GL}{VL} \tag{7–1}$$

$$RL=100 \cdot \frac{TWL}{VL} \tag{7–2}$$

为了进一步将湖泊本身的面积大小与湖泊开放程度联系起来并考虑对湖泊周边的空间影响，我们沿湖泊蓝线外围设置紧邻湖泊缓冲区。对于缓冲距离的设置，500m 和 1 000m 常常被用于设置缓冲区应用于空间尺度的相关研究[85, 89, 90]，宗跃光等将城市湖泊水体、500m 缓冲区和 1 000m 缓冲区分别设置为“高敏感”“中敏感”和“非敏感”生态敏感等级。同时，考虑到 500m 也常被认为是生活服务设施配套的服务半径[91]，这里选取距离湖泊蓝线 500m 的缓冲区视为对于湖泊水体中度敏感湖泊紧邻区域（图 7–3）。图 7–1 显示了基于 ArcGIS 对武汉市中心城区所有湖泊设置的 500m 缓冲区范围。包括环湖开敞空间（OS）与绿线面积（GreS）的环湖开敞空间总面积（TOS）可以视为湖泊紧邻区域内能对湖泊生态保护起到缓冲作用时又能为居民提供亲水活动的空间。TOS 与 500m 缓冲区面积（SA_{500}）的百分比（RO）可以用来作为具体反映环湖开敞空间总量相对湖泊紧邻区域面积比例的另一个湖泊开放性程度指标：

$$RO=100 \cdot \frac{TOS}{SA_{500}} \tag{7–3}$$

其中：SA_{500} 可以通过 BL 的距离与缓冲区距离的乘积估算。因此，式（7–3）可以转化为式（7–4）：

$$RO=100 \cdot \frac{OS+GreS}{0.5BL} \tag{7–4}$$

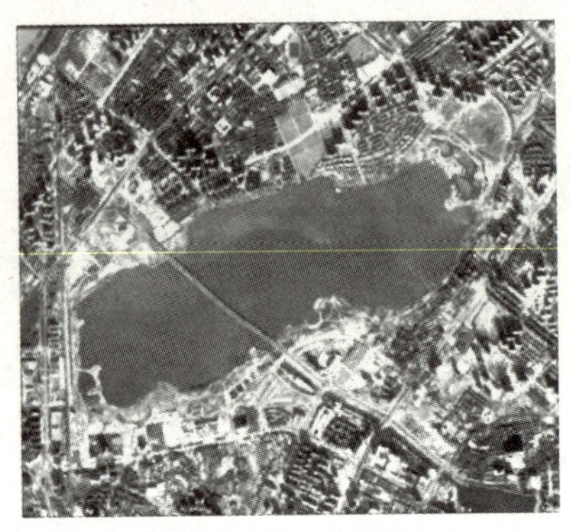

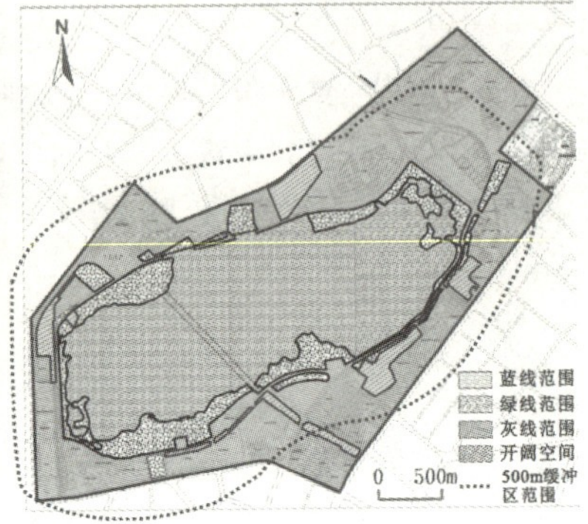

A. 武汉沙湖卫星图　　B. 武汉沙湖"三线一路"控制范围

图7-3　武汉外沙湖（L22）卫星图及"三线一路"范围

（资料来源：图A来源Google Earth 2012年12月数据；图B基于"三线一路规划"公示图件自绘）

7.2.4　人均湖泊开敞空间的计算

为了很好地理解武汉市中心城区和区域内湖泊的空间距离关系，基于ArcGIS中的工具，计算得到中心城区湖泊以外任意地点到25个湖泊岸边的欧式距离，并通过制作武汉市"擦除"各种水体的中心城区的"掩膜"最终得到中心城区非水域区域到湖泊欧式距离的空间分布（图7-4A）。通过进一步统计发现，中心城区离湖泊最远距离的是9.35km；将中心城区非水域区域划分为38 103个空间单元，各单元到湖泊的平均距离是1.8km。自然分类法是按照同组内数据方差最小而组间方差最大的常用数据分组方法[92]。我们基于该方法将所有到湖泊的距离划分为5类（图7-5），其中距离湖泊最近的距离类别分别是0～1.06km和1.07～2.3km，这两类空间单元数分别占到了全部空间单元数的40.6%和31%。图7-4B显示了重分类后的中心城区到湖泊距离的等级分布。由此可见，武汉中心城区超过70%的区域到最近的湖泊岸边距离在2.3km内。

基于以上计算结果，我们将0～1.06km，也是以正常步行速度

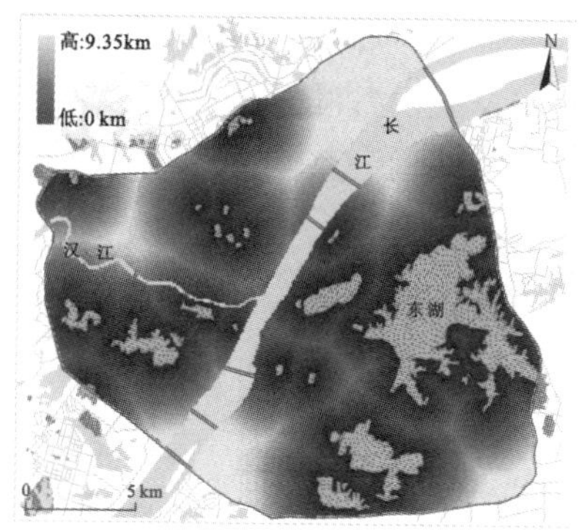

A. 中心城区到湖泊的距离

B. 中心城区到湖泊距离的重分类

图7-4　到湖泊距离的分类统计

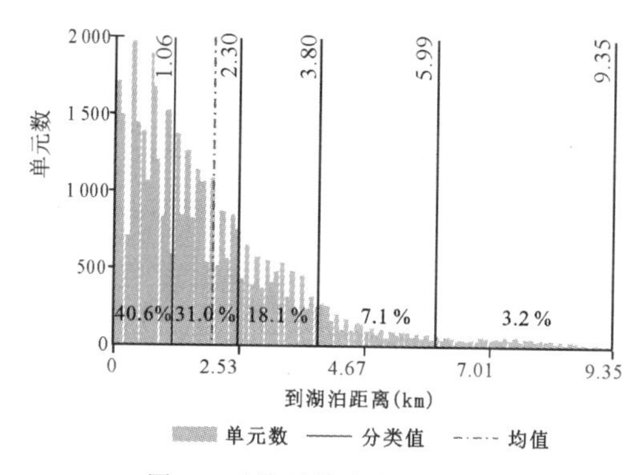

图7-5　到湖泊的欧式距离与重分类

85m/min 计算，步行约 12 分钟内到达湖岸的范围作为湖泊日常能影响到周边居民的区域。为了分析该区域的人均湖泊开敞程度，我们对所有中心城区内的湖泊设置 1 000m 缓冲区用来近似反映该区域，并将各自缓冲区内相重叠部分的较邻近城市湖泊进行群组：L1 ～ L5 以及 L7、L8 群组为 G1；L9、L10 群组为 G2；L11 ～ L14 群组为 G3；L17、L20、L22 群组为 G4；L19、L25 群组为 G5；L18、L24 群组为 G6。经过群组以后，武汉市中心城区三环以内，除东湖风景区外，能在步行约 12 分钟内到达湖岸的区域被划分为 10 个（图 7–4B）。

为了分析这些区域内人均可以享受到的开敞空间和见水岸线长度，我们采取以下计算方法：根据各个湖泊所在城区的人口密度（DoP）以及各个湖泊蓝线（BL）的长度计算，设置紧邻湖泊 1 000m 作为缓

冲区的面积 $SA_{1\,000}$。根据各湖泊的总体开敞空间以及能见水岸线总长度计算临湖 12 分钟步行距离范围内（1 000m 缓冲区）人均湖泊开敞空间面积（ARO）以及人均环湖能见水道路长度（AWL）：

$$ARO=\frac{TOS}{SA_{1000}\cdot DoP} \tag{7-5}$$

其中 $SA_{1\,000}$ 可以通过 BL 的距离与缓冲区距离的乘积估算。因此，式（7–5）可以转化为式（7–6）：

$$ARO=\frac{OS+GreS}{BL\cdot DoP} \tag{7-6}$$

同理，得到式（7–7）：

$$AWL=\frac{TWL}{BL\cdot DoP} \tag{7-7}$$

7.3 数据计算结果与分析

7.3.1 湖泊开放性程度的计算与分析

由于以武汉市东湖（L6）为核心，目前已经形成了集旅游观光、休闲度假、科普教育为一体的国家级风景名胜区，并且东湖水面面积较大（3 362.74hm^2），在空间上跨多个城区，同时，岸线较长（119.18km），沿岸空间功能复杂。因此，具体的指标分析主要针对除 L16 外的其他 24 个城市湖泊。

按照式（7–1）、式（7–2）和式（7–4）分别计算出 24 个湖泊的 RG、RL 及 RO，以及各指标间的相关系数。表 7–2 显示了各指标计算结果的基本统计特征和 Person 相关系数，图 7–6 则显示各湖泊在 ArcGIS 环境中的空间分布情况。具体特征包括：①从 24 个湖泊的 RG、RL 及 RO 间的相关性来看，RG 与 RL 呈现显著的高强度正相关性（r=0.978，p=0.01），而 RO 和 RG、RL 没有相关性特征（表 7–2）。②武汉市中心城区内湖泊绿化面积比例总体水平较高，均值超过

85%。其中小南湖（L8）、张毕湖（L9）、竹叶海（L10）、内沙湖（L17）与水果湖（L20）RG 高达 100%，低于 30% 的机器荡子（L4）、北湖（L1）和塔子湖（L6）都集中在汉口（图 7-6A）。③武汉市中心城区内湖泊能见水岸线比例总体处于中上水平，均值为 69.28%。由于 RG 与 RL 呈现显著的高强度正相关性，湖泊绿化面积比例更高的湖泊能见水岸线比例也相应更高，反之亦然（图 7-6B）。④武汉市城区内湖泊临湖开敞空间所占“中度生态敏感”临湖区域（500m 缓冲区）的比例均值为 14.7%。其中 RO 值超过 30% 的龙阳湖（L12）、竹叶海（L10）与野芷湖（L24）都位于二环以外，而 RO 小于 5% 的机器荡子（L4）、水果湖（L20）与晒湖（L19）都在二环以内（图 7-6C）。图 7-7 与图 7-8 分别显示了在不同镇区、不同环线间各湖泊主要开放性指标的对比情况。

表7-2　湖泊开放性指标基本信息统计描述和 Pearson 相关系数

指标	最大值（%）	最小值（%）	均值（%）	标准误（%）	Pearson 相关系数	
					RL	RO
RG	100	25.50	67.25	5.58	0.978**	0.163
RL	100	28.12	69.28	5.15	1	0.196
RO	42.73	2.34	14.70	2.32	—	1

注：** 表示显著水平为 0.01（双尾检验）。

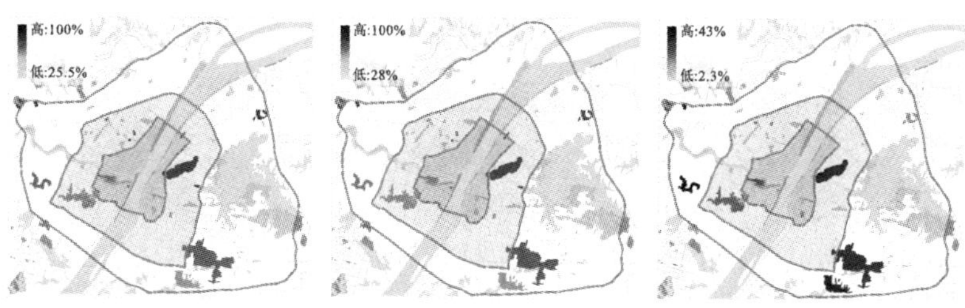

A. 中心城区湖泊 RG 分布　B. 中心城区湖泊 RL 分布　C. 中心城区湖泊 RO 分布

图7-6　湖泊 RG、RO 与 RL 值空间分布

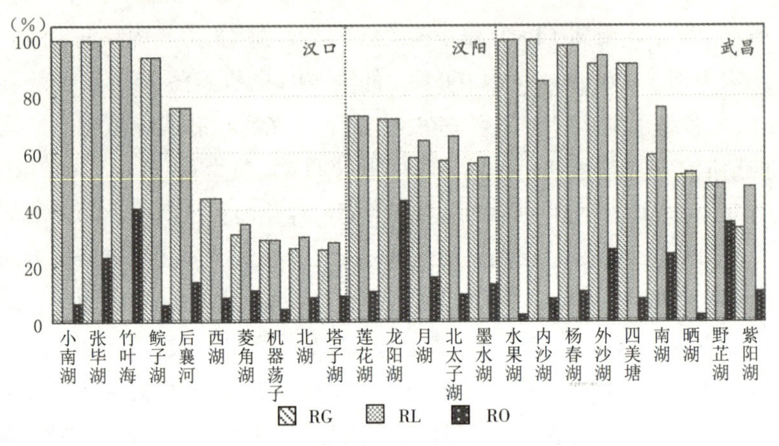

图7-7　各湖泊开放性指标在武汉三镇的分布

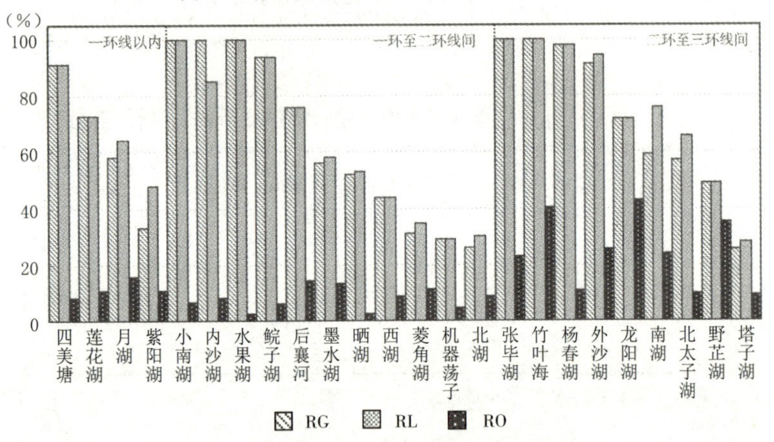

图7-8　各湖泊开放性指标在武汉各环线间的分布

7.3.2 湖泊开敞空间和见水路长计算与分析

为了进一步了解武汉市中心城区湖泊开放空间总量大小及空间分布情况，分别对各湖泊的环湖开敞空间总面积（TOS）和总见水路长（TWL）进行计算和分析。其中，TOS包括环湖开敞空间（OS）与绿线面积（GreS），能综合反映湖泊的开敞空间的面积大小;TWL则能综合反映在城市湖泊滨湖道路上能见水的道路总长度。24个城市湖泊TOS和TWL分别累计达到1 369.31hm^2（1hm^2=10^{4}m^2，全书同）和73.15km。

武汉市中心城区除东湖外环湖开敞空间总面积约为 1 918 个标准足球场的面积，以正常步行速度 85m/min 计算，走完滨湖能见水的道路需要约 14 个小时。由此可见，总体而言，武汉市中心城区目前拥有较充裕的城市湖泊开敞空间。各湖泊具体的 TOS 与 TWL 基本统计描述见表 7–3。

表7–3　湖泊开敞空间（TOS）和见水路长（TWL）基本信息统计描述

指标	最大值	最小值	均值	标准误
TOS (hm^2)	207.7	2.00	57.05	17.75
TWL (km)	15.72	0.17	3.05	0.75

为了进一步分析和理解武汉市中心城区城市湖泊 TOS 和 TWL 的空间差异特征，依据武汉市“两江三岸”和“环状放射型结构”的空间格局，我们将武汉市中心城区按照不同的镇区和环线范围划分为 9 个空间区域（图 7–9），并分别计算各自相应的 TOS 和 TWL。基于 ArcGIS 将各对应区域的非水域空间制作成不同的面文件并链接相应的 TOS 和 TWL 数据。图 7–9 显示了 9 个不同区域的 TOS 和 TWL 在 Arcscene 中的差异。由图 7–9 可以发现：①武汉市中心城区环湖开敞空间总面积总体上呈现由外向内逐层递减的“盆状”空间格局（图 7–9A）；②武汉市中心城区武昌和汉阳的环湖见水路长同样呈现由外向内逐层递减的趋势，而汉口环湖见水路长的“高地”则在一环与二环间（图 7–9B“HK2”）；③从不同镇区看，无论是 TOS 还是 TWL，同一环线范围内呈现“南高北低”的趋势，武昌高于汉阳，而汉阳高于汉口。

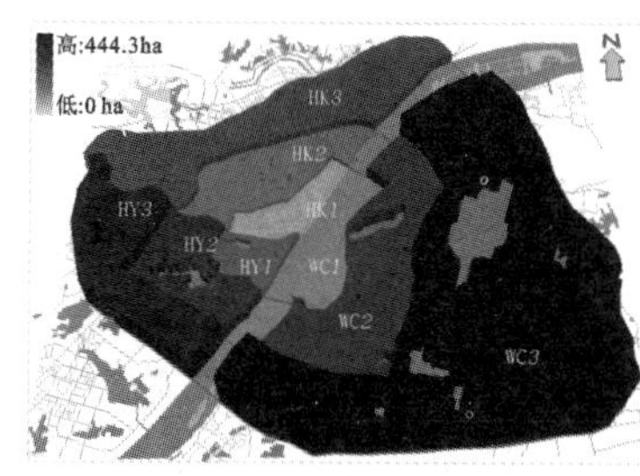

A. 中心城区 TOS 分布

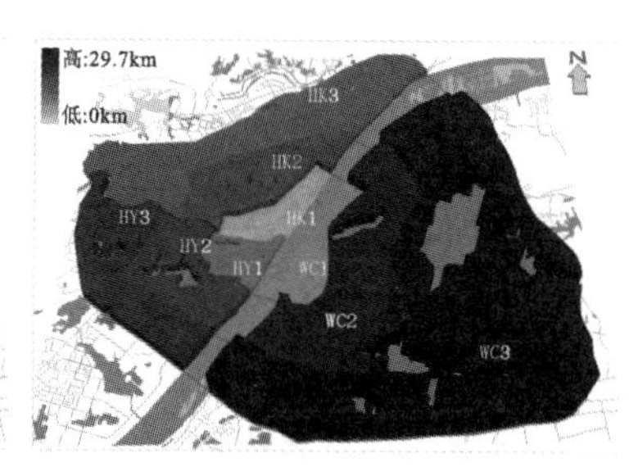

B. 中心城区 TWL 分布

图7–9　不同区域湖泊 TOS 与 TWL 值分布

表7-4 不同区域湖泊 TOS 和 TWL 指标值

镇区	指标	环线			合计
		零至一	一至二	二至三	
汉口	TOS (hm^2)	0	42.64	137.27	179.91
	WL (km)	0	6.63	5.80	12.43
汉阳	TOS (hm^2)	74.80	154.50	332.40	561.70
	WL (km)	4.34	8.91	10.41	23.66
武昌	TOS (hm^2)	27.40	8.81	591.49	627.70
	WL (km)	2.02	3.06	31.99	37.06
合计	TOS (hm^2)	102.20	205.95	1 061.16	1 369.31
	WL (km)	6.36	18.60	48.19	73.15

7.3.3 人均湖泊开敞程度及空间密度分析

武汉市中心城区人口密度的空间差异，可能造成不同城市湖泊滨湖区域日常生活中人均能享有的湖泊开敞空间和见水路长的程度存在空间差异。我们按照图 7-1 所示的环湖 1 000m 缓冲区范围分别计算 24 个湖泊 1 000m 缓冲区的近似面积，并按照各个湖泊所在中心城区的人口密度，估算了 1 000m 缓冲区内平均人口数。进而依据公式(7-6)和公式（7-7）分别计算各个湖泊人均湖泊开敞空间面积（ARO）以及人均环湖见水路长（ARL）。从计算结果看，武汉市中心城区人均湖泊开敞空间达到每人 16.06m^2，而人均环湖见水路长达到约每 10 人 1m 的水平（表 7-5）。

表7-5 人均湖泊开敞空间（ARO）和人均见水路长（ARL）基本信息统计描述

指标	最大值	最小值	均值	标准误
ARO (m^2)	88.44	0.86	16.06	4.8
ARL (m)	0.41	0.01	0.1	0.02

核密度估计（Kernel Density Estimation，简称 KDE）作为一种针对空间数据的非参数估计[93]，是热点和冷区识别的有效探索工具[94]。考虑到 24 个湖泊各自的 1 000m 缓冲区有相重叠的部分，我们基于

ARO 与 ARL 的计算结果，利用 ArcGIS 中的 KDE 分析工具进一步考察 ARO 与 ARL 的空间密度分布特征。主要操作步骤包括:①将 ARO 与 ARL 赋值到对应湖泊岸线;②分别以 ARO 与 ARL 作为权重字段，以 1 000m 作为搜索半径计算 KDE 值;③将计算完成的核密度结果提取到不包括水体的中心城区范围内;④计算和密度结果相应的等值线。图 7-10 和图 7-11 分别显示了在 Arcscene 中按照一定的拉伸比例所显示的 ARO 与 ARL 核密度以及相应的等值线空间分布结果。

依据前文所划分的 10 个步行约 12 分钟内到达湖岸的区域（图 7-4B），武汉市中心城区 ARO 密度最高的区域是武昌区二环至三环间的 G6，此外武昌的 G4、L23 与汉阳的 G3 的 ARO 密度也非常突出（图 7-10）。武汉市中心城区 ARL 密度最高的是武昌区靠近三环的 L23，而同在武昌区的 G4 和 G6 的 ARL 密度也非常突出（图 7-11）。综合而言，武昌人均湖泊开敞程度综合最高，其中值得注意的是位于武昌二环至三环间的 G4，不但在长江和东湖之间，紧邻多个商业中心，区位优势明显，而同样位于武昌 G6 更是包括了武汉市中心城区内除东湖（L16）外最大的城中湖南湖（L18），这些区域应该是城市规划部门重点发展和保护的区域。G3 基本上将汉阳三环内所有湖泊包括在内，该区域

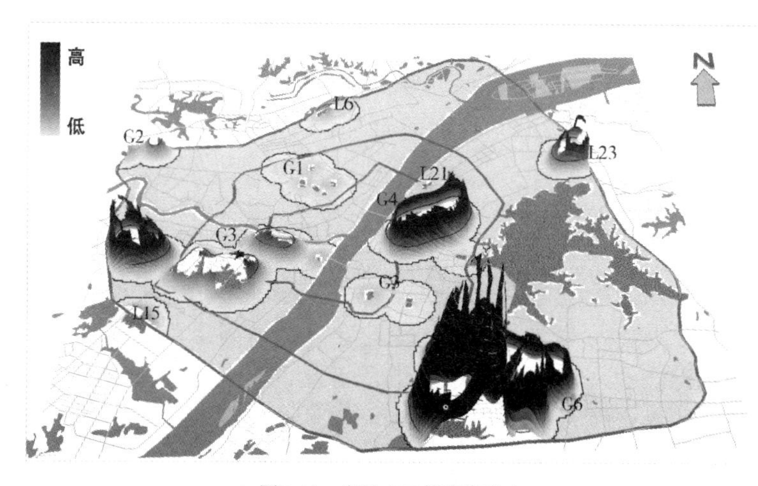

图7-10　湖泊 ARO 核密度分布

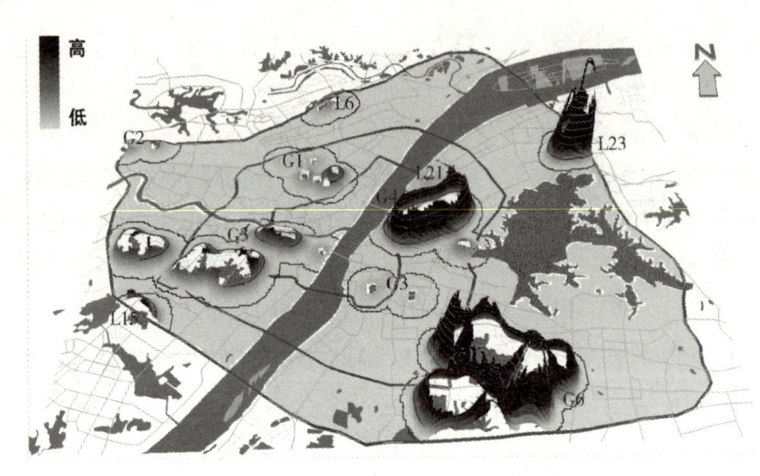

图7-11　湖泊 ARL 核密度分布

跨度大，湖泊水面面积大，并且人均湖泊开敞程度较高，也是城市规划部门重点发展和保护的区域。此外，汉口的 G1 虽然人均湖泊开敞程度处于中等水平，这可能受到该区域内湖泊面积普遍较小，而周边区域人口密度较大等因素的影响。由于该区域是汉口二环至三环内核心区域，配套设施成熟，加上空间上辐射的人口多，也应是城市规划部门重点发展和保护的区域。图 7-12、图 7-13 分别显示了在不同镇区、不同环线间各湖泊人均开敞空间面积指标计算结果的对比情况。

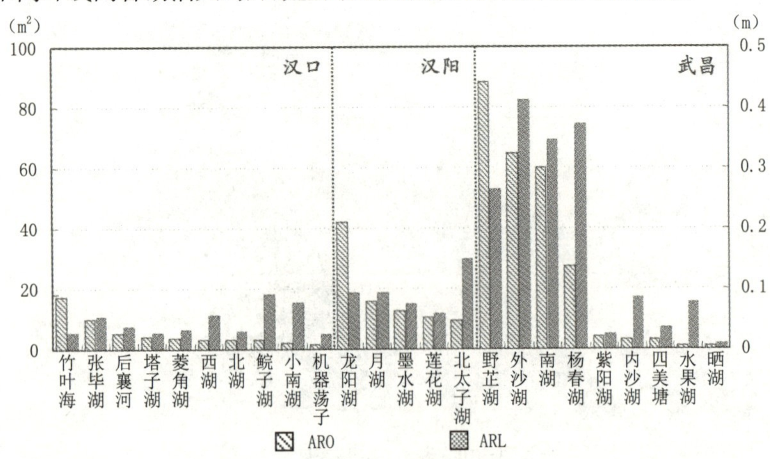

图7-12　ARO 及 ARL 在武汉三镇的分布

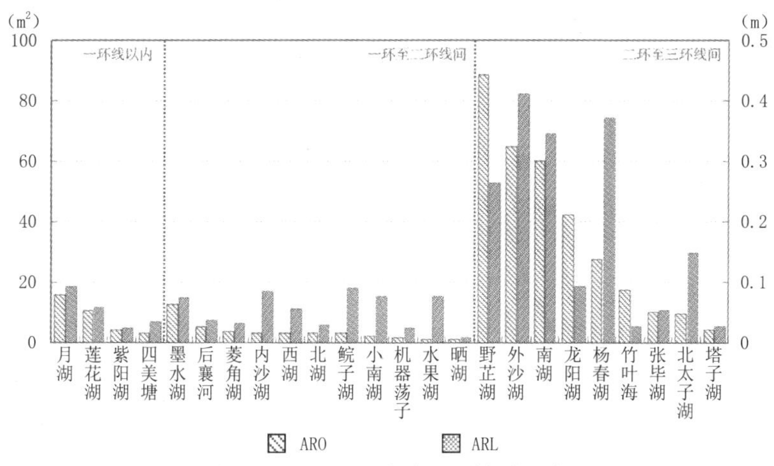

图7-13　ARO 及 ARL 在武汉环线间的分布

7.3.4　不同空间类型湖泊的开放性对比

为了进一步考察不同空间类型划分下 SP Ⅰ和 SP Ⅱ类型湖泊开放性程度的差异性，我们参照 Batty（2008）对比不同类城市相关指标采用的方法[95]，将 24 个被研究湖泊按照 SP Ⅰ和 SP Ⅱ类型进行划分并分别按照反映湖泊开放性程度的各类指标进行排序，绘制相应散点图。为了增强对比效果，对排序序位和指标值进行了标准化处理（图 7-14）。由于 RG 与 RL 呈现显著的高强度正相关性，数值分布结果接近，图 7-14 中仅选取 RL 作为代表。

从对比中可以发现：①在湖泊开放程度指标上，除了少数 SP Ⅱ类型湖泊 RL 比对应的 SP Ⅰ类型湖泊略高，总体没有明显差别（图 7-14A）；但是，SP Ⅱ类型湖泊 RO 明显总体高于 SP Ⅰ类型湖泊（图 7-14B）。这说明，“湖在城中”和“湖在城边”湖泊在环湖绿地面积比例和见水路长的比例上差别不大，但“湖在城边”湖泊的环湖开敞空间总量占临湖“中度生态敏感”空间的比例总体高于“湖在城中”湖泊。②在湖泊开放空间和见水路长总量指标上，SP Ⅱ类型湖泊 TOS 明显总体高于 SP Ⅰ类型湖泊（图 7-14C）；除了少数湖泊外，SP Ⅱ类型湖泊 TOL 高于 SP Ⅰ类型湖泊（图 7-14D）。这说明，“湖在城边”

的湖泊无论是开敞空间还是见水路长都绝大部分优于“湖在城中”的湖泊。③在人均指标上，多数 SP Ⅱ类型湖泊 ARO 和 ARL 明显高于 SP Ⅰ类型湖泊（图 7-14E、F）。这说明，大部分“湖在城边”类型湖泊附近的居民相对于“湖在城中”类型湖泊附近的居民人均享有的湖泊开敞空间和能见水路长更多。

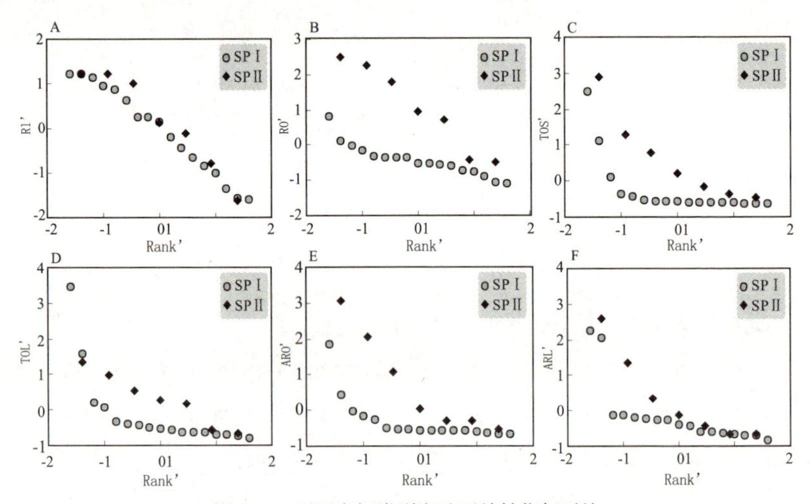

图7-14　不同空间类型湖泊开放性指标对比

注：图 A ～ F 中纵坐标的 RL'、RO'、TOS'、TOL'、ARO'、ARL' 分别是 RL、RO、TOS、TOL、ARO、ARL 采取 z-score 标准化后的结果，A ～ F 中横坐标的 Rank' 是湖泊排序 Rank 采取 z-score 标准化后的结果。

7.4　典型案例分析

为了进一步在更加微观的层面分析不同湖泊具体开敞空间开放性、可进入性程度，根据武汉市空间结构特点，我们将位于一环内以及一环至二环之间的湖泊划为“湖在城中”，而将二环至三环之间的湖泊划为“湖在城边”。按照不同类型，分类选了取典型案例，结合湖泊开敞岸线率和实地调研对典型案例进行分析。

7.4.1　湖在城中

位于汉口二环至三环间的湖泊多处于人口稠密、配套设施成熟的城市腹地，该区域内的城市湖泊是典型的“湖在城中”类型，这些湖泊湖面较小（面积都在 10.5hm^2 以内）。较为典型的小南湖与鲩子湖已经于 20 世纪 90 年代被开发为湖泊公园[96]，湖泊基本上处于完全开敞程度，湖泊开敞岸线率分别为 100%与 93.6%。但是在实地考察中，发现这些湖泊公园入口较为隐蔽，如小南湖公园的大门隐藏在密集老城区住宅楼间（图 7-15A、B）。公园内的湖泊四周被密集、“压抑”的老旧居民住宅逼近、围合（图 7-15F）。在鲩子湖公园（又称宝岛公园）内，一些小区的入口甚至在公园内部（图 7-15D）。居民楼与湖泊的距离最窄处小于 2m，排水管、排烟管等生活设施几乎邻近湖面（图 7-15C）。此外，随着周围建筑高度和数量增加，原有的湖泊公园内的景观逐渐被建筑天际线所遮挡（图 7-15E）。

图7-15　武汉市城市腹地的湖泊公园

注：图中 A 为小南湖公园范围及其入口；B 为小南湖公园大门；C 为宝岛公园内紧邻湖岸的建筑；D 为宝岛公园内的小区大门；E 为宝岛公园内的高层建筑与景观天际线对比；F 为宝岛公园内“压抑”的临湖建筑。其中 A 的卫星图片来自 Google Earth 2012 年 11 月影像，其他照片为笔者 2013 年 7 月实地拍摄。

7.4.2 湖在城边

位于汉口三环线边上的塔子湖，与“湖在城中”类型相比，周边人口密度相对较低，配套设施较少，属于典型的“湖在城边”湖泊类型。然而，随着2000年以后武汉房地产市场的升温，特别是“湖景房”受到追捧，目前，该湖泊周边已经被大约6个2000年后开发的商业住宅项目包围（图7-16A）。塔子湖湖泊开敞岸线率为28%，是武汉中心城区城市湖泊中的最低水平。通过实地考察发现:塔子湖有着漫长且修建完好的滨湖步道，并且步道沿线绿化较好（图7-16B、C、D）。然而，这些滨湖步道的入口被私人小区设置门禁（图7-16B），对非小区内居民进行了限制。并且这些步道与沿岸的住宅小区连成一体,甚至通过滨湖步道可以直接通往一些临湖修建的别墅（图7-16C）。此外，环塔子湖修建的“湖景房”总体上呈现出低容积率、低密度的特征,与小南湖、鲩子湖这些“城中”湖泊周边的住宅形成了鲜明对比。

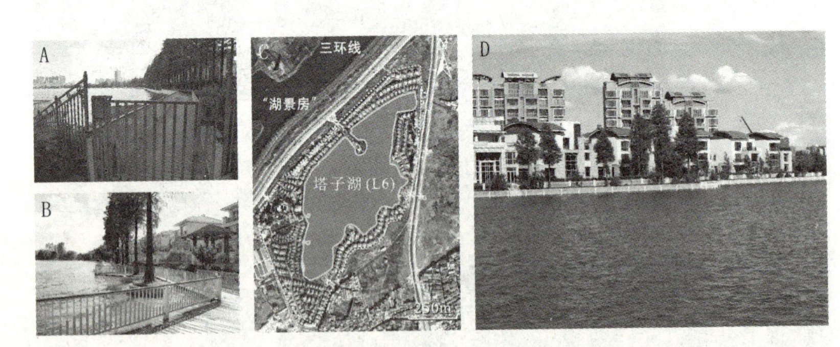

图7-16 武汉市中心城区边缘的湖泊及其周边商品房小区

注:图中A为紧邻湖边步道的别墅;B为塔子湖及其周边的“湖景房”;C为湖边环湖步道的入口;D为湖边低密度湖景房。其中C的卫星图片来自Google Earth 2013年4月影像,其他照片为笔者2013年7月实地拍摄。

7.5 本章小结与建议

7.5.1 本章小结

（1）从武汉市中心城区湖泊环湖绿地面积比例（RG）、能见水岸线长度的比例（RL）以及临湖开敞空间比例（RO）来看，武汉 RG 和 RL 总体处于较高水平，充分体现出武汉作为"百湖之市"的优势。此外，各个湖泊 RG 和 RL 呈现强正相关的关系，也说明环湖能见水岸线几乎被绿化覆盖。各个湖泊 RO 有一定的差异，其中比例最低的湖泊都位于二环以内。这显示了在更靠近城市中心的地区，对于湖泊周边"中度生态敏感"空间的占用比例更大。

（2）从武汉市中心城区湖泊环湖开敞空间总面积（TOS）和能见水路长总长度（TWL）来看，TOS 和 TWL 在总量上都相对充裕，这无论是从空间、功能、环境还是形象塑造等各方面对于武汉市城市发展都是极为重要的资源。按照不同镇区和环线分区后，TOS 总体上呈现由外环向内环逐层递减的"盆状"空间格局；TWL 除了在汉口外，也呈现了这一特征；此外，TOS 和 TWL 在同一环线内都呈现出"南高北低"的趋势。

（3）武汉市中心城区湖泊 1 000m 范围内人均湖泊开敞空间均值达到每人 16.06m^2，而人均的能见水岸线长度能达到每 10 人 1m 的水平。从各湖泊 ARO 与 ARL 的 KDE 密度差异看，ARO 与 ARL 高密度区多集中在武昌，值得注意的是这其中还包括有着良好区位条件的内沙湖（L17）、水果湖（L20）和外沙湖（L22），这些区域应该是城市规划部门重点发展和保护的区域。

（4）基于武汉 UGB 的设定，对城市中心城区与湖泊的空间关系划分为"湖在城中""湖在城边"和"湖在城外"3 种类型。从武汉市中心城区内"湖在城中""湖在城边"两种不同类型湖泊的各种反应开放性程度的指标差异来看，除了 RG 和 RL 差别不明显，其他指标，"湖在城边"类型的湖泊明显高于"湖在城中"类型的湖泊。这显示了两种不同空间类型城市湖泊在开发强度、开放空间总量和人均享有湖泊开放程度方面的空间差异。

当前中国处于持续的快速城市化进程中，随着城市"摊大饼"模式的扩张，武汉市城区周边的湖泊逐渐由"湖在城外"变为"湖在城边"，进而变为"城在湖中"。而在这一过程中，过度的、不合理的开发和环境保护的缺失可能导致湖面“缩水”甚至消失，这不但不利于城市的可持续发展，也与构建资源节约型和环境友好型社会的目标相悖。在当前武汉市建设国家级中心城市目标的驱动下，如何科学地制定和落实城市发展和生态空间管制界限，处理好城市空间和湖泊的关系，科学地实现相邻湖泊的“空间串联”，进一步提高湖泊开放性程度，将中心城区内的滨湖空间打造成提升城市形象和人居环境质量的重要窗口，这既是未来武汉市在建设国家级中心城市过程中城市规划、管理部门应该关注的重点，同时也是值得进一步深入探索的研究议题。

7.5.2 建议与反思

武汉市湖泊资源丰富，但是城市规划和管理的缺失，盲目的房地产热，不但影响了城市湖泊资源的保护、滨湖空间的开放性，甚至也影响了城市的可持续发展。未来的城市规划和管理需要针对该问题进行反思。

（1）对于滨湖空间的利用必须坚持“公共性”原则。城市建设和城市管理的过程中，各种城市病、“公共地悲剧”、公共政策失误往往是由“公共性”的缺失所造成的[97]。湖泊作为具有非排他性和竞争性的公共物品，其滨湖空间能够反映城市广大居民的公共品需求。满足居民对于公共品需求，突出城市的“公共性”，是城市管理的重要内容。滨湖空间“专供”“独享”等排他性的利用方式，将公众与城市公共空间相割裂，将公共的滨湖空间圈入私人住宅小区内，大众对享受湖泊景观和休闲、游憩的权利被小区居民内化，限制了湖泊对公众开放的程度，这样不但会加速城市公共物品的公共性的丧失，同时也有损社会公平和公共品供给效率。

（2）湖泊景观和滨湖空间利用应符合空间正义原则。城市在消费空间的同时，又生产空间。而城市化的过程本身就是城市空间的生产过程[98]。空间的生产就如同任何商品生产一样，不能仅仅考虑其经济的合理性即效率，还必须考虑其伦理的正当性即正义[99]。空间的正义是空间生产的价值轴心，主要体现在空间权利的平等对待、空间机会的平等对待以及空间结果的平等对待[100]，同时是和城市空间利益分配相关的社会正义问题，也是社会合理性的反映[101]。因此，城市湖泊作为能显著提升城市居民生活质量的公共空间，虽然其空间位置不能轻易改变，但是作为一种面向公众的稀缺资源，其带给城市的景观、休闲和教育的功能必须符合空间合理性和正义性原则。

（3）处理好城市、湖泊与人的关系是城市可持续发展的必然。在快速城市化过程中，武汉市不仅仅经历城市规模的扩张（如通常所谓变大、变宽、变美）的过程[102]，同时大量湖泊逐渐由“湖在城外”变为“湖在城边”,进而变为“城在湖中”,并且湖面“缩水”甚至消失。而在这一过程中，科学性规划和管理的缺失，盲目的房地产热，不但使城市在逐渐失去宝贵的自然资源，同时可能加速城市空间利益的重构以及不同社会阶层对于城市空间支配的分化，进而导致社会阶层生活和文化的分化，不利于实现城市可持续发展。

（4）兼具自然功能和社会功能的城市湖泊，无论是自然湖泊，还是人工湖泊，都是城市开放空间的重要组成部分。强调“开放性”体现了“以人为本”的价值观，让公众更好地享有湖泊景观资源，是与生态文明建设和建设资源节约型、环境友好型社会目标相契合的。众多的城市湖泊不但为武汉市带来了丰富资源禀赋，也为城市规划和管理提出了挑战。目前，武汉市为了实现“东方水都”的目标，还有很多尚待解决的问题，而有效地保护和提高滨湖空间的公共性和开放性是其中不容忽视的重要环节。当“湖景房”成为市场的偏好，在非理性房地产开发的推动下，城市湖泊的景观价值、休闲价值可能逐渐被排他并和公众脱离，城市公众只能寄希望于城市职能部门，在对城市空间规划、生产和管理过程中，追求效率、提高科学性的同时，能从维护城市空间正义出发，引入公众参与机制，破除对于公共空间的专属壁垒，将城市公共空间完整地、无差异地还原给城市公众。

8 国际典型城市滨水区管理案例

8.1 本章概述

随着全球性城市化进程的加速，保护生态环境和合理的景观更新对于实现城市的可持续发展的重要意义逐渐凸显[103]。城市滨水空间（waterfront space）既是城市居民基本的活动空间，又是体现城市形象的重要节点，同时也是外来旅游者开展观光活动的场所[104]。第二次世界大战以后，随着新型交通的发展，原有水运事业的衰落，城市人口膨胀和环境的恶化，各国滨水区域受到严重挑战[105]。然而，在经济、社会、环境、文化及政策等多种因素的驱动下，世界各国成功发展的城市都非常重视滨水地区的开发和重建，其中不乏成功的案例，如纽约 Battery 花园城、悉尼海湾、日本横滨 MM21、多伦多港区等[106]。

新加坡河（Singapore River）是新加坡的主要河流之一，总长约11km，主要由热带气候下丰沛雨水汇聚而成[107]。河从新加坡的中央商业区源起，向南倾入大海。自从英国殖民者斯坦福·莱佛士爵士于1819 年 2 月 29 日在新加坡河口登陆之后，河的两岸就逐渐发展成新加坡的商贸中心。在新加坡经济快速发展的过程中，20 世纪 70 年代的新加坡河曾经污染严重。然而随着全球化进程的加快和新加坡经济结构的转型，新加坡一方面在全球视角下对自身的发展目标重新进行了定位，另一方面基于新的目标对新加坡河进行了治理并对其滨河区域进行了重新开发和改造，最后成为国际认可的成功范例①。

目前，国内对新加坡河滨河区改造的研究视角主要包括河道治理[103]、商业地产开发[108]、历史文脉的继承发扬[109]、空间规划[126]和建筑设计[110]等方面。新加坡实现经济持续发展和产业升级的同时，面对全球性化进程，适时制定了发展“特色全球城市”的目标。本章尝试在此目标驱动的视角下，探讨新加坡政府如何合理调动各方资源，完成了新加坡的治理以及新加坡河滨河区域的再开发与改造，不但实现了该区域空间功能的转变，更实现了合理空间布局、社会空间的开放性与包容性、全球化与本土化的平衡，最终，使日渐衰落的滨河区获得空间再生，为新加坡“特色全球城市”目标的实现和城市可持续发展起到了积极作用。

8.2 经济转型、全球化与特色全球城市

8.2.1 经济快速发展与经济转型

新加坡作为一个位于热带的城市国家，北纬1° 上的“小红点”[111]，从1965年新加坡共和国成立至今，实现了从第三世界至第一世界的巨变并赢得了良好的国际声誉[112]。20世纪60年代只有200万人口的新加坡到处是贫民窟、寮屋和脏乱的环境，而如今近500万人生活的新加坡是由现代化公共住房、工业园、商业中心、公园构成的绿色和清洁的花园城市[113]。新加坡在诸多方面，特别是城市建设方面所取得的成功，其核心支撑是以经济发展为中心的国家战略和经济可持续发展的实现[113]。2012年新加坡全国GDP总量达到3 268.32亿新元（约2 660.41亿美元），人均GDP为63 050（约51 322亿美元）新元/人②，

① 新加坡因河滨河区改造在改进居住环境方面的贡献获得2000年联合国人居署颁发的“迪拜国际范例奖”前100名，见：联合国人居署网站（http://www.unhabitat.org/categories.asp?catid=34）。

② 数据来源于新加坡统计局网站（http://www.singstat.gov.sg/stats/keyind.html#keyind）。

几乎是1965年的100倍，处于第一世界国家水平①，失业率也从1965年的10%下降到目前的4%以下。此外，伴随经济的快速增长，新加坡的经济结构也发生了巨大变化。1965年经济严重依赖于两个支柱：以橡胶和锡矿为主的商品转口贸易和作为英国的军事基地。在新加坡独立以后，随着工业化进程的加快，新加坡将自己建成了世界重要的炼油中心、电子产品和制药中心，以及提供诸如石油砖塔等海事产品的中心。而随着新加坡经济的进一步发展和产业升级，新加坡经济支柱逐渐转变为国际物流中心、金融中心和旅游中心，以及区域教育中心、医疗和护理中心[114]。

作为当前新加坡经济支柱之一的旅游业成果显著。2007—2011年的5年间，新加坡旅游年收入和年到访旅客人次数除了在2009年因为受到全球金融危机的影响略有下降，其他年份持续上升。到2011年，新加坡旅游年收入达到223亿新元，比2010年（189亿新元）增加了18%，比2007年（141亿新元）增加了58%；到2011年新加坡旅游年到访旅客人次数达到1 320万人次，比2010年（1 160万人次）增加了13.8%，比2007年（1 030万人次）增加了28.2%。作为国际旅游中心的新加坡的到访游客也来自世界不同国家，2011年排名前5位的客源包括：印度尼西亚、中国、印度、澳大利亚和马来西亚[115]。

2005年1月11日，新加坡工贸部（Ministry of Trade and Industry）部长Lim Hng Kiang，公布了新加坡旅游局（Singapore Tourism Board，简称STB）到2015年的发展计划，即保持旅游产业作为新加坡经济支柱产业的地位，到2015年实现比2004年的收入翻三番的目标，达到300亿新元；年入境游客比2004年翻一番的目标，达到1 700万人次；在2004年旅游服务行业提供15万个就业岗位的基础上再额外增加10万个就业岗位。这份雄心勃勃的发展计划还将催生20亿新元旅游发展基金②。

---

① 根据国际货币基金组织（International Monetary Fund，简称IMF）公布的2011年世界各国人均GDP排名，新加坡位列全球第十三位。

② 见新加坡旅游局网站（https://app.stb.gov.sg/）。

8.2.2 全球化进程下的全球城市

20世纪70年代以来，随着科学技术的不断发展，交通和通信工具变得迅速和费用低廉，历史上空前的劳动力、资本、信息和物资流动引发了全球化浪潮。新加坡作为严重缺乏自然资源的国家，凭借其优越的地理位置和开放性经济发展，逐渐成为全球化进程中在经济、社会和技术网络中的全球关键节点[116]。此外，新加坡经济、社会和文化各方面在固有的本土元素的基础上也逐渐渗透，包容了其他跨国元素[117]。新加坡在21世纪之初也适时地对自身的发展战略目标进行调整，即将新加坡建成一个“特色全球城市”，保持对全球资本、人才以及游客具有吸引力[118]。

新加坡各个政府部门紧密围绕建设“特色全球城市”这样一个国家发展战略中心目标而制定具体目标和采取行动。例如：作为主导新加坡土地利用规划和发展基础设施等相关领域的规划和执行部门的国家发展部（Ministry of National Development）提出的目标是力图为新加坡人提供有品质、充满活力和可持续发展的居住环境，将新加坡建成“特色全球城市和让人流连的家园”①。经济战略委员会（Economic Strategies Committee）提出要让新加坡成为“拥有高技能人才和创新型经济的特色全球城市”[119]。此外，STB也基于“特色全球城市”的中心目标，提出到2015年让新加坡成为一个在全球范围内能吸引旅游观光、商务活动以及人才流动并将其作为最终选择目的地或者重要的旅游中转站。希望在以下关键领域做出贡献：①强化新加坡的自身定位，基于强大且有活力的商务环境成为亚洲主要的会务和展会城市；②基于非常新加坡带给游客的丰富体验成为亚洲主要的休闲娱乐目的地；③将新加坡打造为亚洲服务中心，为全球游客提供高端品质服务（如高端医疗保健服务）。

新加坡“特色全球城市”目标的提出并非偶然，而是历史和现实共同作用的必然。在“特色全球城市”中心目标的引导下，新加坡既

① 见新加坡国家发展部网站（http://app.mnd.gov.sg/）。

希望能像伦敦、纽约一样有优秀的城市设计，同时也希望能保留亚洲城市的一些独有的特质。而新加坡将滨水改造视为提升活力、体现繁荣健康形象的象征。同时，无论是吸引全球资本、人才、游客，成为全球城市，还是保持本土文化，新加坡都将滨水改造视为重要的影响因素[120]。

8.3 愿景的提出与实现

8.3.1 愿景的提出与河道清理

新加坡河位于新加坡城市中心，紧邻莱佛士（Raffles）商业区，属于5个大区中的中部区（图8-1）。新加坡河虽然不长，但对于1960—1970年代在新加坡的人来说，一提到当时的新加坡河，人们会立即回想起那发黑的河水发出的恶臭。新加坡河在被治理之前，被沿岸的工厂、农场、没有下水道的房屋等严重污染，新加坡河和它的支流几乎成了开放的下水道和垃圾场。20世纪六七十年代由于工业化、城市化的迅速发展，污染状况进一步恶化。1977年，新加坡前总理李光耀向国民提出将已经污浊不堪的新加坡河转变为历史文化商业区域的愿景，成为了改变新加坡河命运的历史时刻[112]。具体而言，该愿景是希望通过政府和私人开发商的合作，在10年时间里，不惜花费大量的人力和物力，治理沿河排污，维修和翻新已超过1个世纪历史的河堤，不但确保河堤的功能性更提升其景观价值，最终恢复新加坡河的清洁和繁荣。当时，新加坡政府对于清理河道的措施主要有两种选择:一是通过制定保护性政策，清除最严重的污染，保留河流生物；二是对河流内部无论一切进行清除，确保河道彻底清洁。而新加坡政府最终选择了后者方案[113],可见其治理新加坡河的决心。

1977年，新加坡政府首先对约占全国30%的人口进行了一次污染源的大调查，摸清污染来源以及居民意愿后出台跨部门行动计划，其主要目的就是将河道周围的污染源全部搬走，彻底根除河道内长年的污物和恶臭，使河道内的水生生命能重新兴旺繁殖。这与新加坡政府实现清洁与绿色人居环境的决心和目标是一致的。在行动计划的指导下，通过初级生产部、建屋发展局（Housing Development Board）、城市重建局（Urban Redevelopment Authority，简称 URA）、新加坡港口部门和公园署等各部门的共同努力，终于在 1985 年，比预期提前两年让新加坡河从一个污水河变成如今城市蓄水池的一部分[121]。随着水质量的极大改进，那些曾经由于垃圾阻塞而消失的水生生命又回到了这些河道。完成了新加坡河道治理，恢复清洁水质，为滨河区域空间再生奠定了坚实基础。

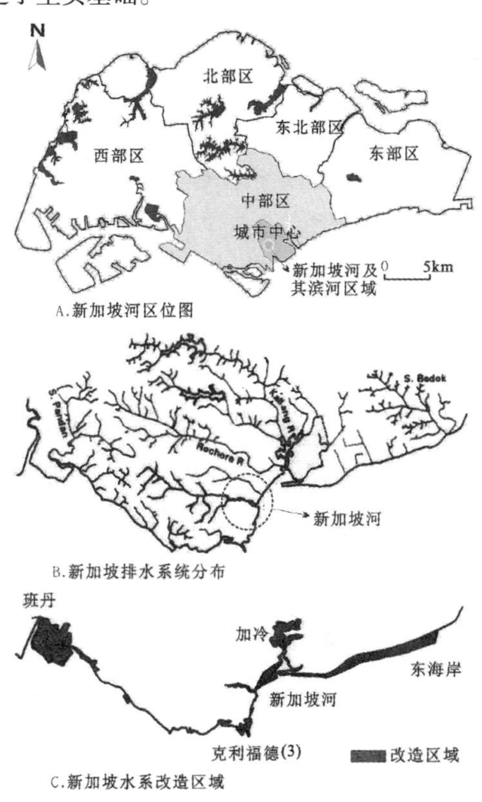

图8-1　新加坡河区位及改造区域分布

（资料来源：新加坡区位图笔者参照 URA 资料绘制；新加坡排水系统分布及水系改造区域图来源于文献 [107]）

8.3.2 规划的制定与实施

随着新加坡河河水洁净工程的提前完成，新加坡重建局在1985年及时制定和颁布了《新加坡河概念规划》，明确了对新加坡河滨河的96hm^{2}区域进行改造。规划被改造的区域，包括1819年英国殖民者登陆的地点，曾经是新加坡的主要港口，河岸紧邻牛车水（China town），聚集着大量的店屋①、仓库和在此工作和生活的中国移民。中国移民在此按照种族和方言的差异聚集经营家庭作坊、小贩以及在各种码头工作（图8-2）。1985年颁布的《新加坡河概念规划》主要参考了巴黎塞纳河滨水区域以及美国德州帕圣安东尼奥市塞欧·迪尔·里约（Paseo Del Rio）滨水步行带项目。滨河区域改造的首要目的是将1970年后随着河运行业日益衰落的滨河码头区域改造成为受民众欢迎的场所，供人们工作、生活和娱乐并充满活力。改造区域内的117所店屋被URA划定为受保护建筑。按照政府预算，投入2亿新元的河水变洁工程完成后，4 300万新元开始投入到对河堤以及河岸两侧基础设施的综合改造中。

图8-2 旧时新加坡河河岸工作、生活场景（模型）
［资料来源：笔者摄于直落亚逸区的珀玛福德祠（又名“望海大伯公庙”）］

① 一种典型的当地的建筑形式，通常为2~3层楼建筑，一楼是用来做店铺，上层为住宅。多见于新加坡和许多其他东南亚城市（图8-2）。

1991 年颁布的《新加坡概念规划》进一步强调了新加坡河滨河区域商业价值，以及连接已经建成的乌节路商圈的重要作用。1992 年 URA 颁布了一份新加坡滨河区域开发的指导性规划草案，明确了河岸两侧 6km 长的步行道作为区域聚焦点的开放空间、交通连接等方面的开发细节[122]。此外，URA 在 1994 年针对新加坡河滨河区域综合改造颁布了更加详细的实施性规划，旨在通过综合的整治、保护、再利用，让历史与现代融合，最终打造独一无二的滨水景观[123]。

8.3.3 各部门间的协调与合作

能有效地调动各方资源和力量成功完成新加坡滨河区改造的一个重要因素，即能很好地协调好各方职责和利益，调动各种资源和参与者的积极性，更快、更好地实现既定目标。公共职能部门的角色是通过透明、公众参与性强的公共政策、战略以及发展机制的实施来保证优质的设计，提供完善的基础设施。整个新加坡河治理和滨河区改造工程中涉及到众多职能部门，除了 URA 和 STB，还包括新加坡环境部、隶属国家发展部的公园与娱乐署、公共事务署和土地办公室。所有相关公共职能部门不但工作职责明确，还通过各种途径积极促进推动与私人开发商以及普通民众的协作，并满足各自的需求。例如：STB 为私人商业部门提供金融支持，为促销活动进行政策建议和协调，逐步增强私人部门对政府职能部门的依赖性[124]。在此过程中，私人开发商作为合作者实现了自身的利润目标，同时也保证了规划目标能高效实现。

1993 年政府开始公开拍卖新加坡河滨河改造区域的第一宗土地，1993—2000 年间，公共部门和私人部门都参与到政府土地拍卖过程中，分别获得新加坡河滨河区域的地块并各自发挥优势或对历史建筑进行保存，或者按照商业用途重新开发，更或兼有之。除了政府土地拍卖，URA 更是在各个环节指导、促进公共部门和私人部门基础设施及改造工程中的协调，既包括宏观方面，也包括一些细节方面，比如：URA 和国立公园局（National Parks Board）一起协同指导在步行道上种哪种植物、种多少。此外，URA 还协同 STB 通过制定指导性文件，如规定河岸沿线灯光布置尺寸、明度、亮度、颜色和灯柱上的标识设计等来整合滨河区域景观的协调性和统一性。

另外一个典型的合作例子是 STB 和新加坡遗产局合作在公共区域设置的艺术设施，为了让行人在 6km 长的河岸线上找到不同的体验，在各个节点上适当安置户外雕塑，达到了良好的效果。多年以来，当游客途经河岸的“小猫”“跳入河中的孩子”这些雕塑时（图 8-3），无不会心一笑。

图8-3　新加坡河河岸的雕塑

（资料来源：笔者自摄于新加坡河岸）

8.4　多重滨水空间再生

8.4.1　空间功能的根本转变

URA 于 1985 年颁布的《新加坡河概念规划》中指出，新加坡河滨水改造的目标包括：对目标地区重新注入活力，在保留旧有建筑的特质和历史感的同时开发新建筑，并以新加坡河作为空间导向，保证新旧建筑能在空间和谐存在。这种要求区别于对滨水区域简单升级和复原，而是强调将相异的景观赋予一种统一的观感[125]。为实现新加坡河滨水区功能性的根本转变，一些具有较高历史和文化价值的传统建筑被保留下来，以强化历史记忆和地方特征。传统店屋、仓库等历史建筑内部通过功能置换，被改造成商店、餐厅、酒吧、旅馆、高档住宅等，以适应商业和旅游发展的需要（图 8-4）。

此外，URA 鼓励通过多样化的文化、商业以及住房的混合使用，来营造亲水环境。新加坡河滨河区域借鉴了乌节路（Orchard Road）的成功经验，将区域功能按照 80％做商用（约 $95\times10^4\text{m}^2$），20％做居住（2 600 户 /7 800 人）的比例划分。此外，为了营造亲水效果，在规划和建筑设计上也采取了必要措施，如：将此前该区域 10 层的限高标准调整为 4 层，形成面向河道的“退台”式滨河空间界面；保证河道两侧 15m 宽的连续人行步道；在滨水建筑的首层设置人行道顶棚等[126]。为了和新加坡“全球城市”的定位保持一致，一些国际顶级设计师事务所也参与到滨水区域的设计中，例如：奥尔索普（Alsop）设计师事务所承担的克拉码头设计①。其最著名的设计即针对新加坡酷热、多雨的气候，采用四氟乙烯设计的伞状结构的顶棚和通风系统，将克拉码头 4 条街区的室外温度维持在 28℃，而这些伞状结构因其独特的外形被称为“天使之翼（angel’s wings）”（图 8-4）。

A. 1960 年代的克拉码头　　B. 现在的克拉码头　　C. “天使之翼”

图8-4　新加坡河克拉码头改造前后对比

［资料来源：照片 A 来源于文献 [107]；B、C 由笔者摄于克拉码头］

① 见奥尔索普建筑师事务所网（http://www.arcspace.com/features/alsop-architects/clarke-quay/）。

经过新加坡政府和私人部门的通力协作，对软硬件的重新开发和改造，新加坡滨河区域最终从衰弱的码头和商铺区转变为昼夜都充满活力的“24 小时滨水生活方式”的空间载体，成为新加坡最重要的旅游目的地和城市休闲中心之一。新加坡滨河区被 STB 列为全新加坡值得推荐的 11 处“主题旅游区”，实现了全面复兴和空间再生[127]。

8.4.2 空间的划分与布局

整个新加坡滨河区域的改造主要包括 3 个部分：驳船码头（Boat Quay）、克拉码头（Clarke Quay）和罗伯逊码头（Robertson Quay）。根据不同的地理位置、建筑形态以及历史功能，驳船码头、克拉码头、罗伯逊码头 3 个码头区分别被赋予餐饮休闲、节日市场、酒店和高尚居住 3 种不同特征的功能区段，并实现分区发展[126]（表 8-1）。

表8-1 新加坡河滨河区主要空间面积对比[123]

分区	面积	
	公顷	%
驳船码头	15	16
克拉码头	30	31
罗伯逊码头	51	53
合计	94	100

在 1820 年，位于新加坡河河嘴的驳船码头，其北岸曾是殖民政府办公地所在，而南岸是低矮的仓库和商店。1989 年，驳船码头沿岸首先通过报纸公开发售和改造信息。到 1991 年 7 月，110 家商铺被私人业拥有，并开始改造计划。曾经的橡胶、大米仓库被改造为各国风情餐厅和酒吧，游客可以坐在新加坡河岸用餐并欣赏河对岸历史建筑以及远处莱佛士金融区摩天大楼打造的天际线。

在驳船泊头上游，过了埃尔金桥（Elgin Bridge）就是克拉码头。与驳船泊头的历史建筑不同的是，位于克拉码头的 50 余间仓库更大，这为改造后的功能转变提供了更多、更灵活的选择。因此，克拉码头的历史建筑更多地改造为较大的餐馆、品牌商品以及俱乐部等商业和娱乐场所。由于新加坡河在克拉码头区域的河面宽度更窄，克拉码头的亲水性更好，URA 因此在 1985 年的“新加坡河概念规划”中将克拉码头定位为充满活力的“嘉年华村”（Festival Village）。

在克拉码头上游的罗伯逊码头曾经聚集着船舶修理厂、大米加工厂等作坊和企业。如今这里主要被改造为高档住宅和餐厅，并聚集着新加坡泰勒版画研究院（Singapore Tyler Print Institute）以及新加坡专业剧团（Singapore Repertory Theatre) 等艺术场所。

3 个主要功能区通过以新加坡河河道为轴线串联和整合。此外，URA 通过容积率的限制来控制各个区域不同用途土地的开发强度，商业功能开发的容积率控制在 1.68 ～ 4.2 之间，居住功能开发的容积率控制在 2.8 左右（图 8–5）。在整个滨水区域内还根据不同需要划分出了开放空间、绿地、保护区域和预留地（图 8–6）。

图8-5 新加坡河区位及改造区域分布
（资料来源：笔者参考 URA 相关资料绘制）

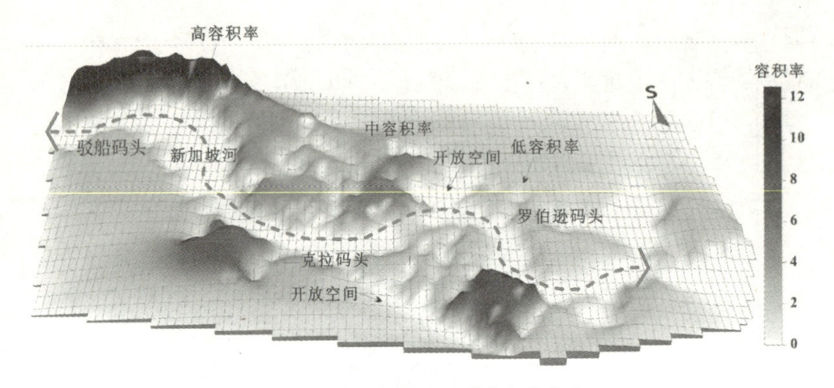

图8-6　新加坡河滨河区域容积率分布

[资料来源：以 Singapore Master Plan 2008 中的容积率数据为基础，采用自然邻近点插值法（NNI）绘制]

8.4.3　社会空间开放性与包容性

URA 将新加坡河滨河区域定位为向不同年龄、收入的本地人和游客充分地开放亲水空间。注重务实的新加坡人清醒地认识到，他们需要提供一个清洁、兼容、友好和亲近的滨河景观。旧有的肮脏河道被如今干净的环境和新式建筑所代替，更重要的是，能在街道上吹空调，实现了很多生活在热带国家居民的梦想。以克拉码头为例，各种建筑、灯光、色彩、带顶棚和空调的街道，营造出一个全天候的休闲娱乐空间[128]，为每年举行的“新加坡河畔街头游艺嘉年华”“新加坡热卖会”“新加坡美食节”“节日灯会”[124]等不同类型的商业、文化活动提供了空间载体。

按照滨河改造的理念，一些原有的建筑被新的建筑所替代。例如，克拉码头旁一座低成本的公共住房在 2000 年被拆除，取而代之的是 2007 年开业的名为“Central”的以日韩商品为主的零售商品中心。当然，对于被拆除建筑中的居民而言，他们对政府仍存不满情绪，但是 URA 坚定地认为，那些被拆除的建筑已经无法与新加坡滨河区域的改变相匹配，因此它们在当前社会经济背景下不值得继续保留，也不符合新加坡自身的全球定位。

为了在沿河两岸形成完全步行化的公共活动空间，为人们创造安全舒适的体验环境，所有车行线路被布置在新加坡河滨河地区的外围，并形成环路，通过快速道路系统与城市其他地区相联系[126]。此外，新加坡政府为了实现公共空间的便捷性和开放性，完善了道路、桥梁、地下通道以及人行道等基础设施的保障。例如，在新加坡河洁净工程完成后，耗资 4 300 万新元沿驳船码头修建了花岗岩铺面的步行道。同时，为了体现滨河区域的多样性，避免给人以单调感，URA 还鼓励私人开发商通过不同的方式连接店面与花岗岩铺面的步行道。为了提高鼓励滨河区域的可达性，政府开发了水上的士，为此政府花费了 280 万新元修复罗伯逊码头附近的 Read 桥和 Ord 桥，并将 Ord 桥距河面抬高 1m 以便于新开发交通工具——水上的士的通行[113]。

8.4.4 全球化与本土化的平衡

如果一个亚洲城市将自己定位为世界级城市，多多少少有效仿西方先进案例的过程。虽然新加坡政府和开发商进一步瞄准了东西方经济、文化枢纽的定位，但也不可避免地有去本土化、西方化的痕迹。例如，靠近新加坡河的罗伯逊步行街（Robertson Walk）是以美国的 Coco Walk 作为设计灵感来源。国际游客通过比较认为，与新加坡河滨水区相比，同在亚洲的泰国的 Chao Phraya 河以及马拉西亚的马六甲和 Kuching's 滨水区更多地保留了本土元素和历史元素[120]。

但是，泰国和马来西亚无论是从经济发展程度还是全球化程度都无法与新加坡相提并论。在“特色全球城市”的目标驱动下，新加坡必须做到既能“保留本土化特色”，又能“体现全球化”。为此，新加坡河滨水区添加了大量国际化元素，例如：销售潮流商品的品牌商店非常迎合当前新加坡人的喜好。对于新加坡的年轻一代，前往滨河区域，更多是受国际化娱乐新体验和潮流商品的吸引，而非其历史元素。但是，当前往新加坡河滨水区域的新加坡人正在享受世界性的娱乐体验和国外美食的时候，国外的游客却试图在同样的区域寻找到与众不同的本土气息。外国游客可能对传统建筑、本地实物、游船的感兴趣程度胜于对国际化的餐饮、现代化建筑以及全球流行品牌商店的兴趣。如果是单一的“世界性”景观，外国游客可能会很失望。因此，新加坡河滨河区改造从一开始就注重历史建筑的保护和文脉的传承。

在面向世界潮流迎合本地人口味和保留河流本身独特过去吸引世界游客之间很难做到面面兼顾，而更多时候需要做一个平衡。STB 通过各种图形调查和分析本地人与国外游客，以及思想前卫和思想保守者之间需求的差异。为此，STB 对一些分歧采取了折中，并努力通过各种沟通减少某一方因为改变而带来的失望感，同时，STB 也没有刻意地迎合任何一方。最终，本土化与全球化、历史与现代在新加坡河滨河区实现了完美的结合。

9 借鉴与启示

当前中国面对资源约束趋紧、环境污染严重、生态系统退化的严峻形势，一方面，国家发展以加快转变经济发展方式为主题，加快产业转型升级和产业结构调整；另一方面，生态文明建设的地位被逐渐突出，并且强调在经济建设、政治建设、文化建设、社会建设各方面和全过程中融入生态文明建设，实现建设“美丽中国”的目标。在此背景下，城市的生态修复和人居环境建设成为与城市发展定位、经济、社会、文化等各方面紧密联系，实现城市可持续发展的重要组成部分。特别是对于作为能体现城市形象重要节点的城市滨水空间的开发与改造，既是机遇也是挑战。

国内滨水区没有经历过明显的衰退期[104]，自20世纪90年代以来，无论南方或北方、沿海或内陆、大都市或小城镇，滨水地区开发都受到不同程度的追捧[129]，并已出现了一批规模较大的滨水地区的开发项目[106]。其驱动因素主要是地方政府为了改善滨水区环境、迎合地区空间迅速拓展以及推动产业的发展[104]。此外，房地产市场的快速发展，“海景房”“江景房”“湖景房”这些滨水地产项目受到的热捧也成为滨水区开发和改造的强劲驱动力。然而，中国城市在滨水区开发过程中也不同程度地遇到了生态环境恶化、征地难、设计水平低、利益难以协调、配套设施不完善等问题。而“特色全球城市”目标驱动下的新加坡河滨水空间再生的成功为面对这些挑战提供了以下4点可借鉴的经验与启示。

（1）城市滨水区开发需要与城市经济、社会、生态的发展相统一。新加坡的治理以及新加坡河滨河区空间再生的成功，其根本支撑因素是新加坡经济持续发展和产业升级的实现。同时，新加坡社会的多元性、开放性、包容性程度决定了滨河区多元性、开放性、包容性的多寡；新加坡生态文明的发展程度也决定了滨河区生态环境的优劣。当前，中国城市对于滨水区的开发和改造是否能取得根本性的成功，不但需要强有力的经济支撑，还需要经济发展方式的根本转变，以及整个社会文明和生态文明程度的进一步提升，特别是针对当前中国生态环境总体恶化的现状，只有根本上实现“美丽中国”的宏伟目标，才能真正还原每一个“美丽城市滨水区”。

（2）滨水区开发需要符合城市定位与发展目标。新加坡河滨河区空间再生的成功是与新加坡实现“特色全球城市”的发展目标高度契合的。“特色全球城市”目标贯穿在滨河区的规划、设计、管理等各个环节中，保证了新加坡河滨河区既保留了本土文化以迎合外来游客，又尽显全球化特色满足本地人。而反过来，新加坡河滨河空间再生的成功也推动了新加坡成为“特色全球城市”的实现。当前，中国城市发展水平相异。2010 年 2 月，国家住房和城乡建设部发布的《全国城镇体系规划》明确提出建设五大国家中心城市（北京、重庆、天津、上海、广州），6 个区域中心城市（沈阳、南京、武汉、深圳、成都、西安），都应该结合自身的实际情况，科学制定城市在区域、全国乃至全球的发展目标与定位，并依据此目标和定位来具体指导城市滨水区开发与改造。

（3）政府需要处理自身角色并协调各方利益。新加坡河滨河区开发与改造的过程中，政府相关部门之间不但密切配合，而且采取各种渠道调动私人部门的积极性和公众参与的积极性，一方面很好地利用了各方优势高效完成既定目标，另一方面也保证了在项目的组织与管理过程中各方面能各取所需。当前，在中国城市化进程快速推进和房地产快速发展的背景下，如何整合各方资源，调动私人部门的积极性，又能避免滨水区的过度商业化、公共资源私有化，需要政府相关部门进一步明确自己的角色，提高科学决策和组织协调能力。

（4）提高规划、设计水平，完善相关配套设施。在新加坡河滨河区开发与改造的过程中，有历史价值的建筑得到了充分的保护，旧有的店屋、仓库和作坊的空间功能被成功转换，与新开发的建筑和设施和谐统一，这都得益于高水平的整体规划和设计。此外，完善的配套设施也保证了地处新加坡商业核心区的新加坡河及其滨河区的接待能力。当前，中国一些城市已逐渐意识到提高规划、设计水平对于滨水区开发的重要性，但规划和设计的整体性还有待提高，特别是一些地方需要克服“一切推倒重来”和“喜新、好大”的规划、设计思路，同时进一步完善城市配套设施以提高滨水区空间的可达性和空间负荷力。

附件 1　武汉市地表水环境质量监测简报有关评价方法及说明[1]

1. 地表水环境质量评价方法

根据国家环保部环办[2011] 22号文件的规定，地表水水质评价指标为《地表水环境质量标准》（GB 3838—2002）表1中除水温、总氮、粪大肠菌群以外的21项指标。水温、总氮、粪大肠菌群作为参考指标单独评价（河流总氮除外）。

湖泊、水库营养状态评价指标为：叶绿素a（chla）、总磷（TP）、总氮（TN）、透明度（SD）和高锰酸盐指数（CODMn）共5项。

河流断面水质类别评价采用单因子评价法，即根据评价时段内该断面参评的指标中类别最高的一项来确定。描述断面的水质类别时，使用“符合”或“劣于”等词语。断面水质类别与水质定性评价分级的对应关系见附表1。

附表 1　断面水质定性评价

水质类别	水质状况	表征颜色	水质功能类别
Ⅰ～Ⅱ类水质	优	蓝色	饮用水源地一级保护区、珍稀水生生物栖息地、鱼虾类产卵场、仔稚幼鱼的索饵场等
Ⅲ类水质	良好	绿色	饮用水源地二级保护区、鱼虾类越冬场、洄游通道、水产养殖区、游泳区
Ⅳ类水质	轻度污染	黄色	一般工业用水和人体非直接接触的娱乐用水
Ⅴ类水质	中度污染	橙色	农业用水及一般景观用水
劣Ⅴ类水质	重度污染	红色	除调节局部气候外，使用功能较差

河流水质评价：当河流的断面总数少于5个时，计算河流所有断面各评价指标浓度算术平均值，然后按照“断面水质评价”方法评价，并按附表1指出每个断面的水质类别和水质状况。

对断面（点位）、河流、湖泊不同时段的水质变化趋势分析，以

① 见武汉市环境保护局《2011年9月份武汉市水环境质量监测简报》。

断面（点位）的水质类别或河流、湖泊水质类别比例的变化为依据，按下述方法评价。

按水质状况等级变化评价：①当水质状况等级不变时，则评价为无明显变化；②当水质状况等级发生一级变化时，则评价为有所变化（好转或变差、下降）；③当水质状况等级发生两级以上（含两级）变化时，则评价为明显变化（好转或变差、下降、恶化）。

按组合类别比例法评价：

设 ΔG 为后时段与前时段Ⅰ～Ⅲ类水质百分点之差：$\Delta G=G_2-G_1$，ΔD 为后时段与前时段劣Ⅴ类水质百分点之差：$\Delta D=D_2-D_1$。

（1）当 $\Delta G-\Delta D>0$ 时，水质变好；当 $\Delta G-\Delta D<0$ 时，水质变差。

（2）当 $|\Delta G-\Delta D|\leqslant 10$ 时，则评价为无明显变化。

（3）当 $10<|\Delta G-\Delta D|\leqslant 20$ 时，则评价有所变化（好转或变差、下降）。

（4）当 $|\Delta G-\Delta D|>20$ 时，则评价为明显变化（好转或变差、下降、恶化）。

2. 城市集中式饮用水水源地水质评价项目及标准

按照环境保护总局（环函[2005]47号）《关于113个环境保护重点城市实施集中式饮用水源地水质月报的通知》要求执行，地表水水源水质评价标准执行《地表水环境质量标准》（GB 3838—2002）Ⅲ类标准，评价项目为《地表水环境质量标准》(GB 3838—2002) 中表1、表2和表3（1～35项）中的项目。

集中式饮用水水源地达标率，指城市市区从集中式饮用水水源地取得的水量中，其地表水水质达到《地表水环境质量标准》（GB 3838—2002）Ⅲ类和地下水水质达到《地下水质量标准》(GB/T 14848—93) Ⅲ类的数量占取水总量的百分比。计算公式：

集中式饮用水水源地水质达标率＝（各饮用水水源地水质达标量之和 ÷ 各饮用水水源地取水量之和）×100%

3．排污口评价项目及标准

排污口评价指标为《2011年武汉市环境质量监测网络工作计划实施方案》（武[2010]104号）中规定的各排污口所监测的项目。评价标准根据排污口不同的受纳水体规定：长江、汉江、东湖、汤逊湖、知音湖排污口执行《污水综合排放标准》（GB 8978—1996）一级标准，府河、墨水湖排污口执行《污水综合排放标准》（GB 8978—1996）二级标准。

附件 2　武汉市各湖泊在各时期的卫星图片对比

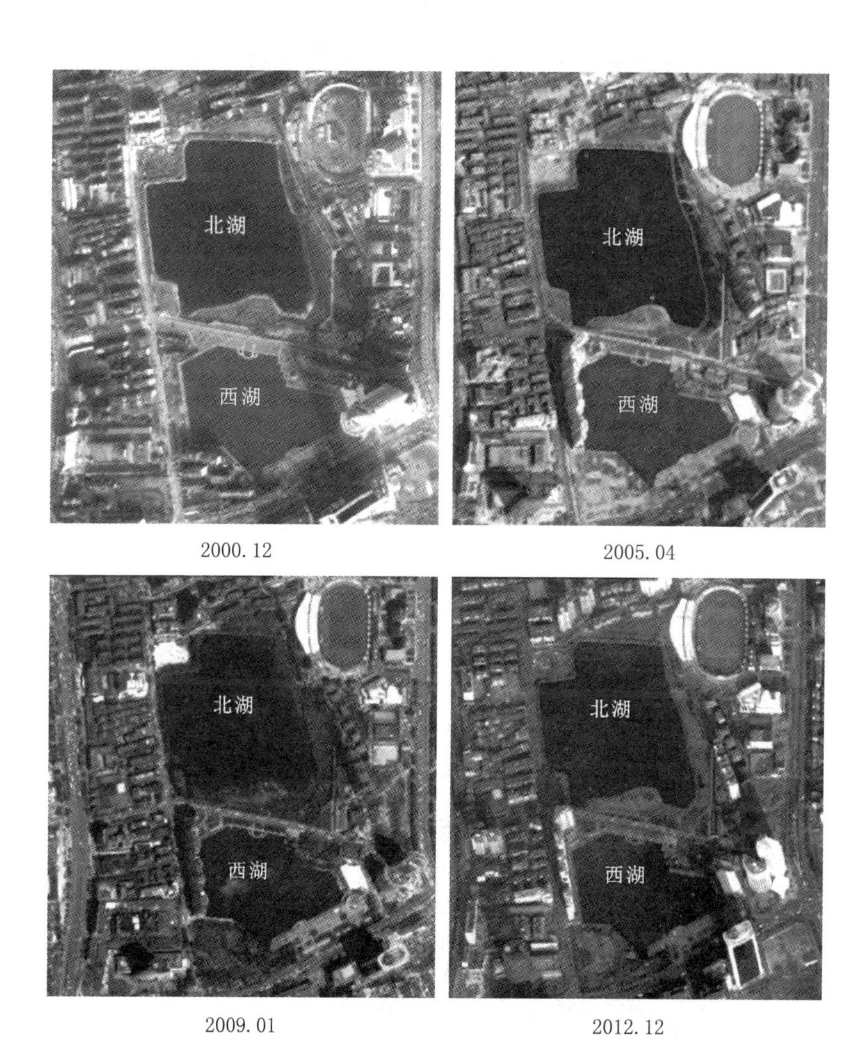

L1 北湖与 L7 西湖 4 期卫星图片对比

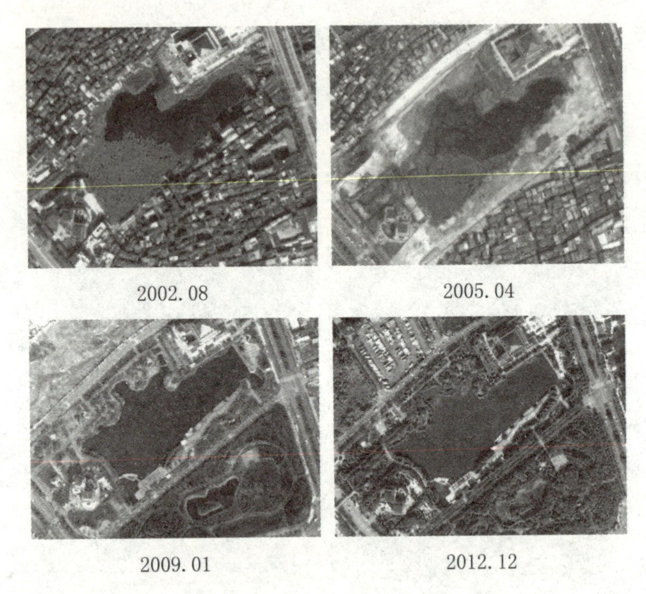

L2 后襄河 4 期卫星图片对比

L3 鲩子湖 4 期卫星图片对比

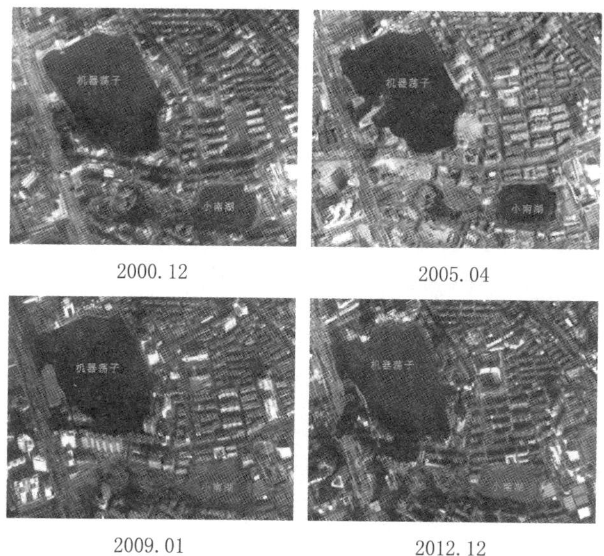

L4 机器荡子与 L8 小南湖 4 期卫星图片对比

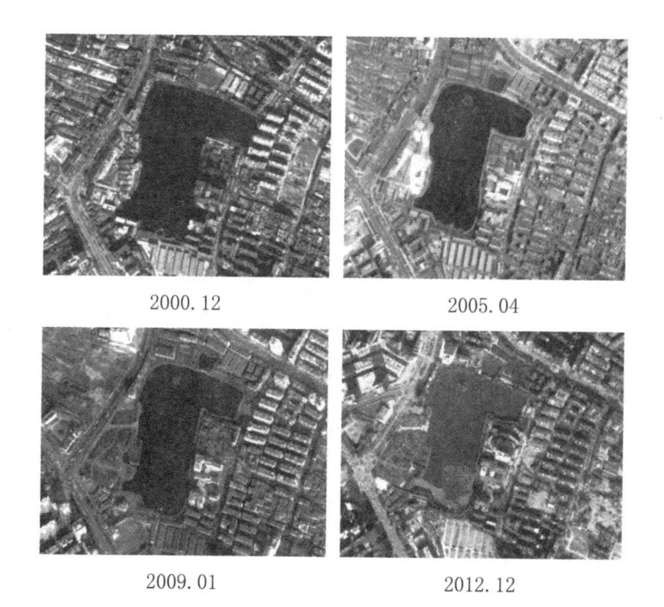

L5 菱角湖 4 期卫星图片对比

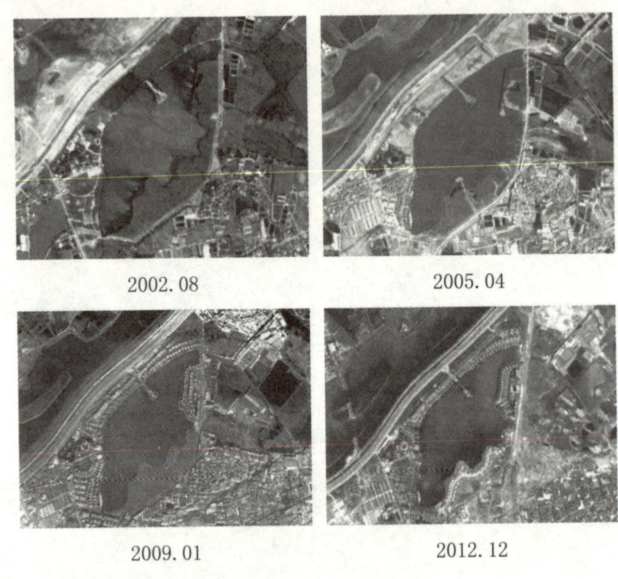

L6 塔子湖 4 期卫星图片对比

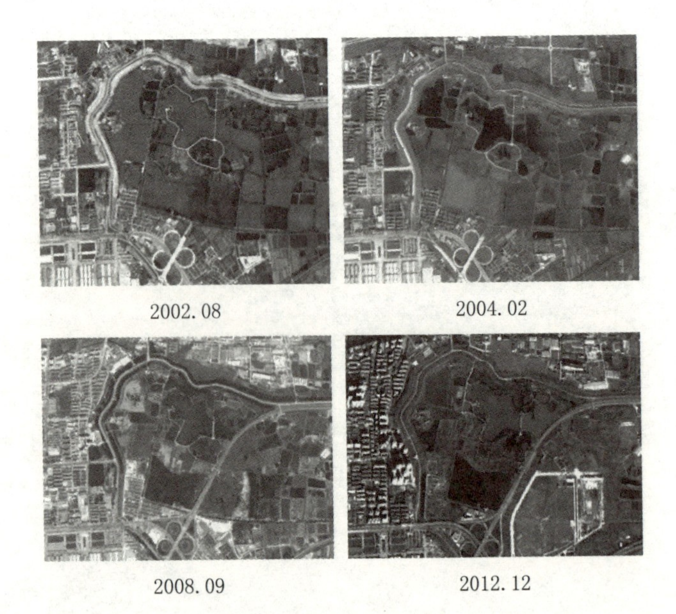

L9 张毕湖 4 期卫星图片对比

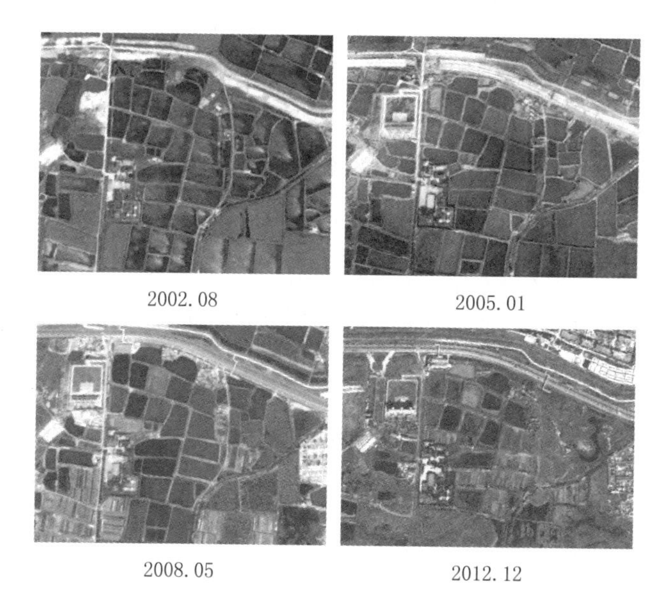

2002.08　　2005.01

2008.05　　2012.12

L10 竹叶海 4 期卫星图片对比

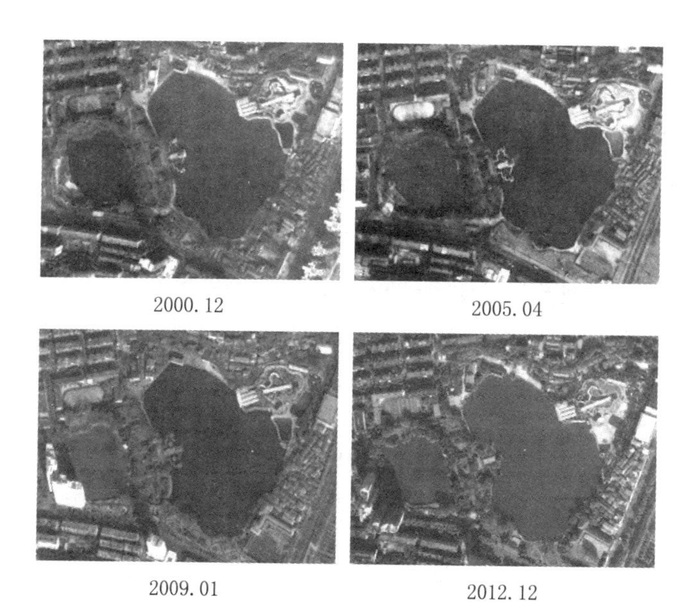

2000.12　　2005.04

2009.01　　2012.12

L11 莲花湖 4 期卫星图片对比

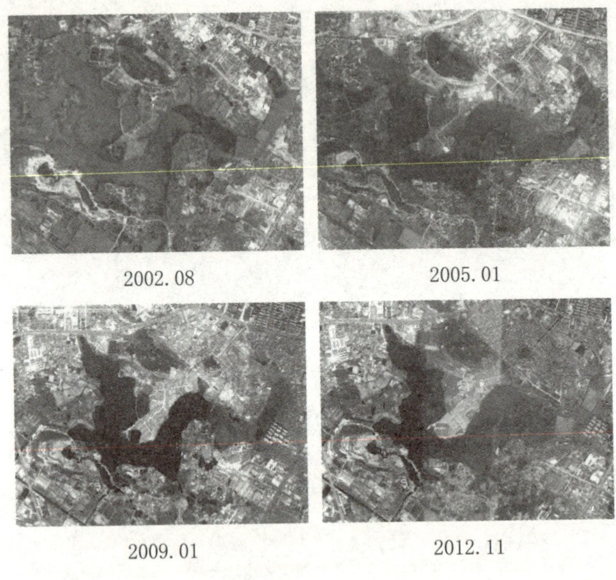

L12 龙阳湖 4 期卫星图片对比

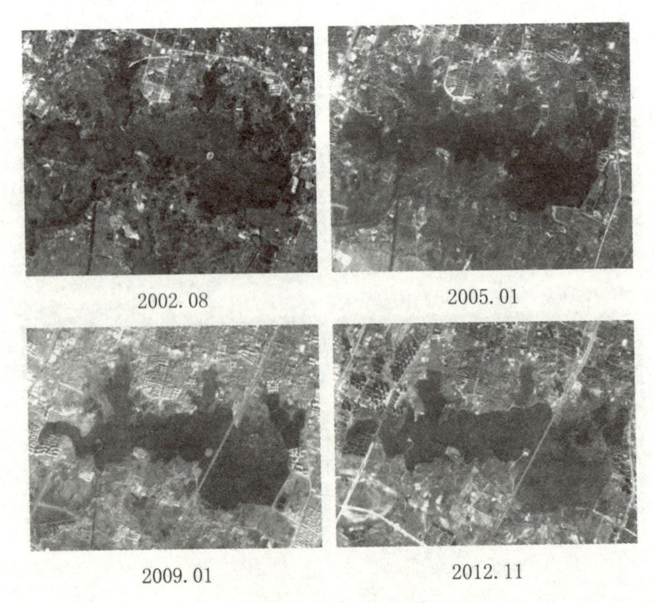

L13 墨水湖 4 期卫星图片对比

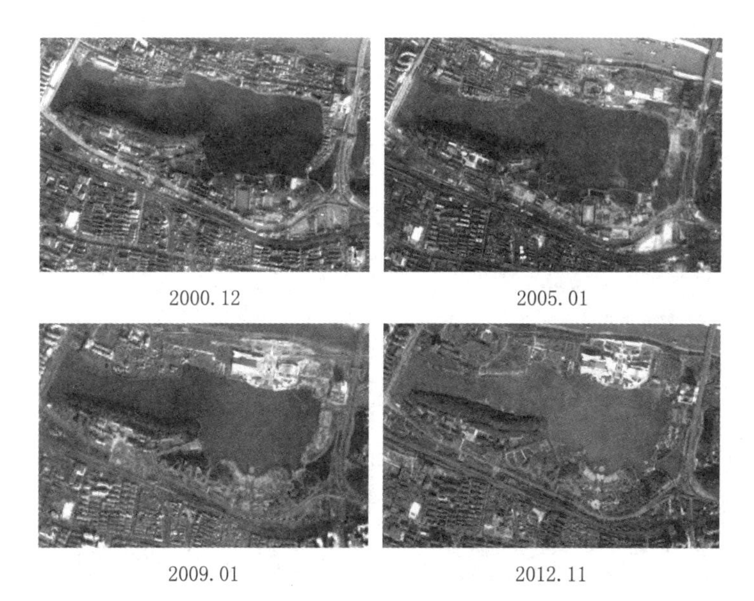

L14 月湖 4 期卫星图片对比

L15 北太子湖 4 期卫星图片对比

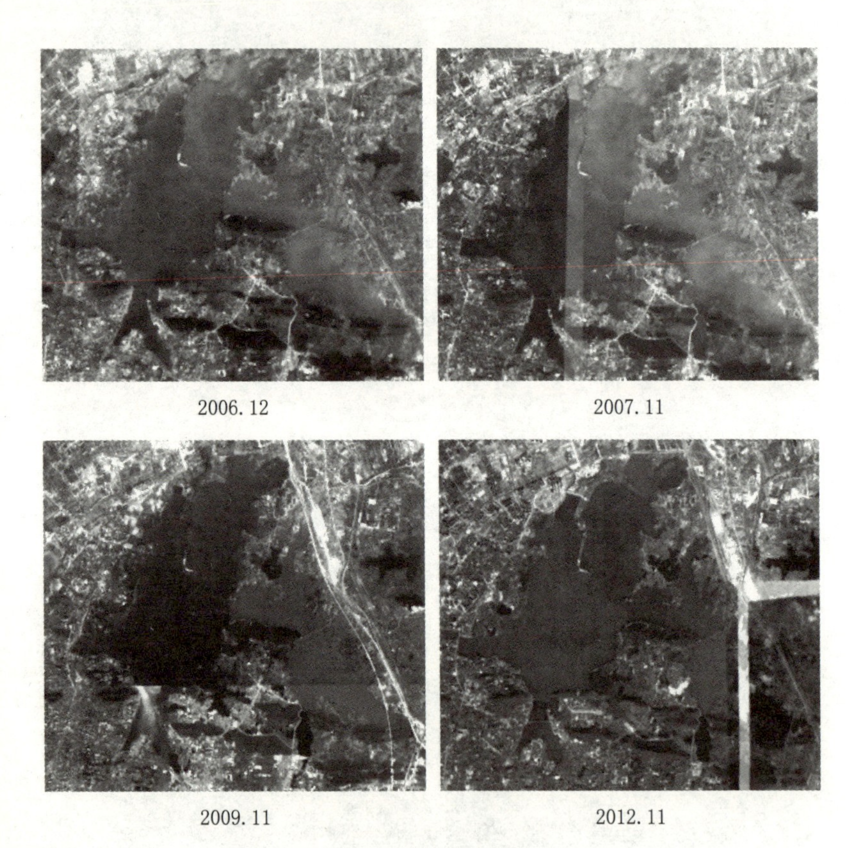

L16 东湖 4 期卫星图片对比

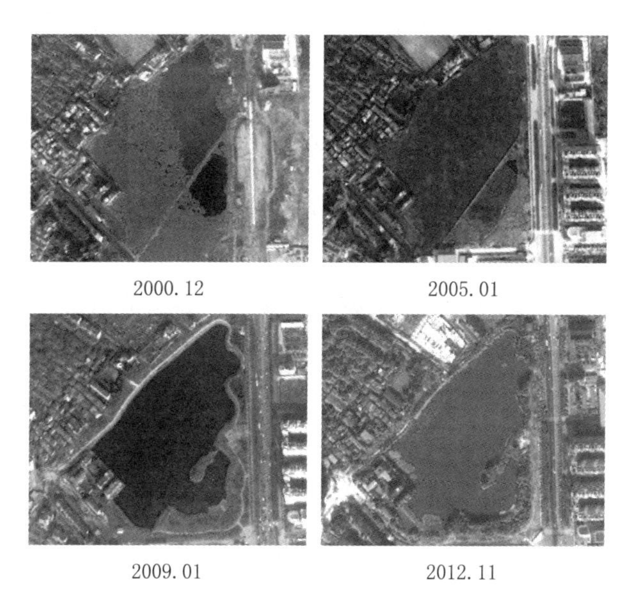
2000.12 2005.01
2009.01 2012.11

L17 内沙湖 4 期卫星图片对比

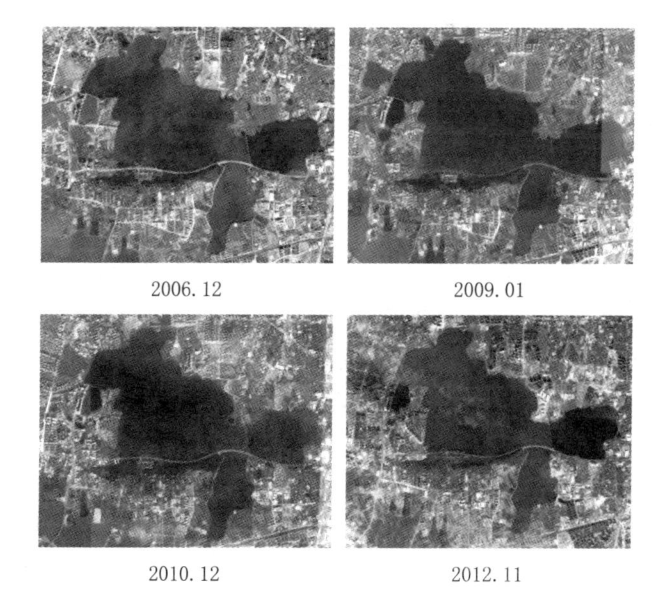
2006.12 2009.01
2010.12 2012.11

L18 南湖 4 期卫星图片对比

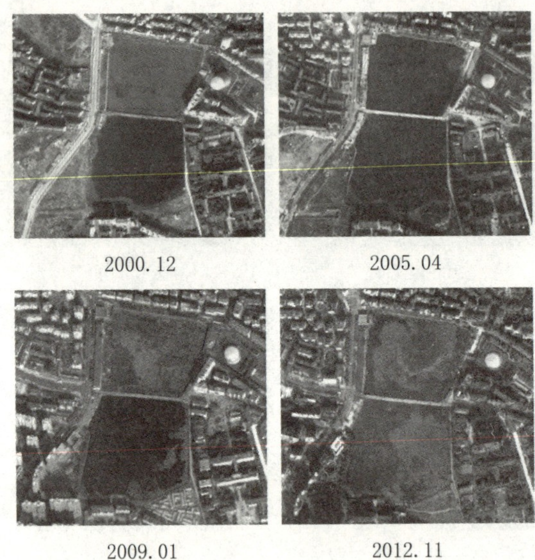

L19 晒湖 4 期卫星图片对比

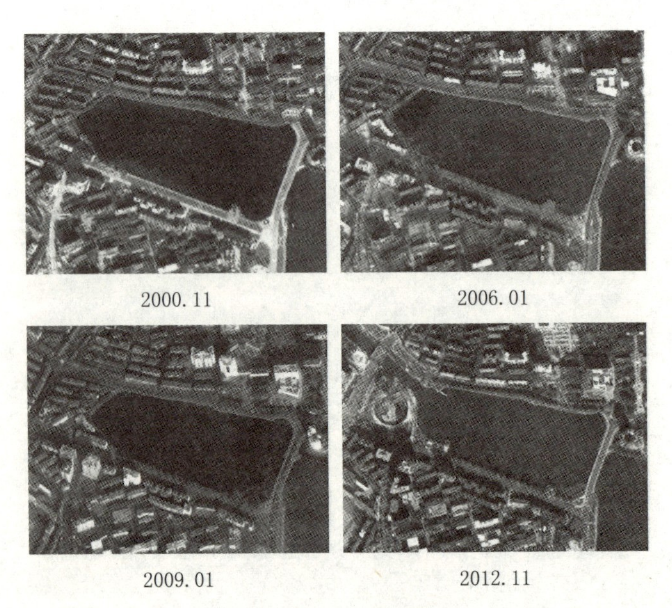

L20 水果湖 4 期卫星图片对比

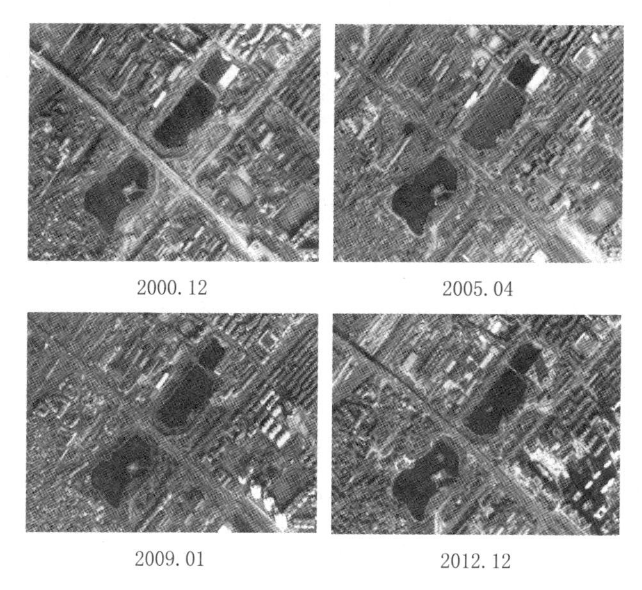

L21 四美塘 4 期卫星图片对比

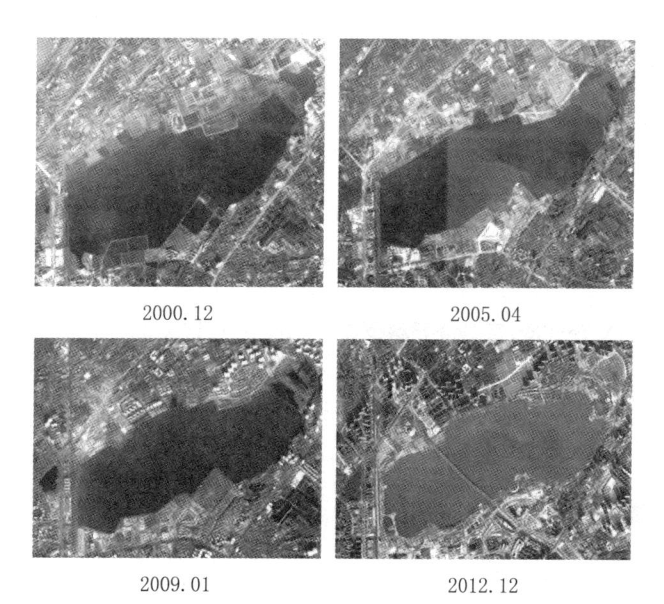

L22 外沙湖 4 期卫星图片对比

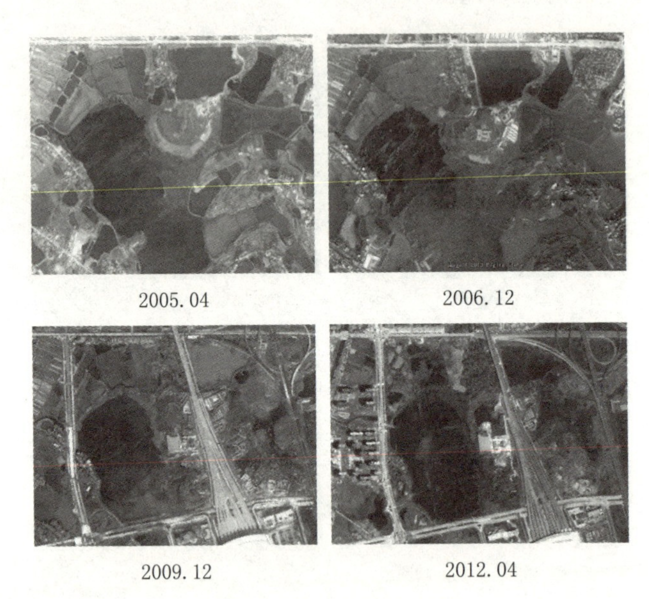

L23 杨春湖 4 期卫星图片对比

L24 野芷湖 4 期卫星图片对比

2000.12　2005.01

2009.01　2012.11

L25 紫阳湖 4 期卫星图片对比

主要参考文献

[1] 马军山.城市滨河景观设计模式研究[J].规划师，2006,3:56-65.
[2] 易敏.滨水城市的滨水景观塑造——武汉 [D].长沙:湖南师范大学,2008.
[3] 戴启培.城市水景观应注重生态性[J].安徽农业,2004,11:83.
[4] 张安安.城中湖水域空间规划利用研究 [D].青岛:青岛理工大学，2011.
[5] 张文迪.“水上城市”解读[J].广告大观(综合版).2012,7:123.
[6] 徐斌.论鉴湖的自然与人文价值——兼谈绍兴城市发展的新定位[J].浙江工商大学学报,2011,3:42-46.
[7] 中国百科全书编辑部.中国百科全书(光盘版)[M].北京:光明日报出版社,2006.
[8] 中华人民共和国水利部.中华人民共和国国家标准(GB/T 50095—98)[S].北京:中国计划出版社,1999.
[9] 赵剑强.城市地表径流污染与控制[M].北京:中国环境科学出版社,2002.
[10] 顾孟迪,雷鹏.风险管理(第二版)[M].北京:清华大学出版社,2009.
[11] 刘新立.风险管理[M].北京:北京大学出版社,2006.
[12] Kallis G,Butler D.The EU water framework directive: measures and implications[J]. Water Policy,2001,3(2):125-142.
[13] Jaeques G G. Engineering risk analysis of water pollution[M].VCH,1994.
[14] 毕军,杨洁,李其亮.区域环境风险分析和管理[M].北京:中国环境科学出版社,2006.
[15] Hughes R M,Whitter T R,Rohm C M,et al.A regional framework for establishing recovery criteria[J]. Environmental Management,1990,14:673-683.
[16] 何德文,李妮,柴立元,等.环境影响评价[M].北京:科学出版社,2008.
[17] 钱静.我国水环境的风险管理体制研究[J].辽宁教育行政学院学报,2007,11:22-24.
[18] Moroglu M,Yazgan M S. Implementation of EU water framework directive in Turkey[J].Desalination,2008,226:271-278.
[19] Pruppers M J M,Janssen M P M,Ale B J M,et a1.Accumulation of environmental risks to human health:geographical differences in the Netherlands[J].Journal of Hazardous Materials,1998,61(1):187-196.
[20] Karman C C.The role of time in environmenta1 risk assessment[J].Spill Science & Technology Bulletin,2000,6(2):159-164.

[21] Hering J G. Risk assessment for arsenic in drinking water：limits to achievable risk levels [J]. Journal of Hazardous Materials, 1996, 45：175-184.
[22] Crabtree K D, Gerba C P, Rose J B, et a1. Waterborne adenovirus：a risk assessment [J]. Water Science Technology, 1997, 35(11/12)：1-6.
[23] 陈小红，涂新军．水质超标风险率的CSPPC模型[J]．水利学报，1999，12：1-5．
[24] 郑文瑞，王新代，纪昆，等．非确定数学方法在水污染状况风险评价中的应用[J]．吉林大学学报(地球科学版)，2003，33(1)：59-62．
[25] 李如忠，洪天求，金菊良．河流水质模糊风险评价模型研究[J]．武汉理工大学学报，2007，29(2)：43-46．
[26] 黄奕龙，王仰麟，谭启宇，等．城市饮用水源地水环境健康风险评价及风险管理[J]．地学前缘，2006，13(3)：162-167．
[27] 李绍飞，孙书洪，王向余．突变理论在海河流域地下水环境风险评价中的应用[J]．水利学报，2007，38(11)：1312-1317．
[28] 孟宪林，于长江，孙丽欣．突发水环境污染事故的风险预测研究[J]．哈尔滨工业大学学报，2008，23(1)：75-79．
[29] Shih C S. Integrated management of quantity and quality of urban water resources [J]. Water Resources Bulletin, 1972, 8(5): 1 006-1017.
[30] Ngirane. Integrated water resources planning as a factor in environmental pollution control [J]. Water Science & Technology, 1991, 24(1)：25-34.
[31] 曾维华，张庆丰，杨志峰．国内外水环境管理体制对比分析[J]．重庆环境科学，2003，25(1)：2-16．
[32] 徐兵兵，张妙仙，王肖肖．改进的模糊层次分析法在南苕溪临安段水质评价中的应用[J]．环境科学学报，2011，31(9)：2 066-2 072．
[33] 王彦威，邓海利．层次分析法在水安全评价中的应用[J]．黑龙江水利科技，2007，35(3)：117-118．
[34] 刘晓平，李磊．基于DEA的水资源承载力的计算评价[J]．科技与管理，2008，1(1)：13-15．
[35] 梁珊珊，殷健．基于遗传算法的改进BP神经网络模型在水质评价中的应用[J]．上海环境科学，2007，26(4)：175-179．
[36] 王教团，裘哲勇，周朝卫，等．千岛湖水环境综合评价、预测及防治对策[J]．农业资源与环境科学，2008，1(1)：431-435．
[37] 孙宛，王俊岭，张雅君，等．现代水务行业综合评价方法研究[J]．环境科学与管理，2012，6：172-175．
[38] Jenks G F. The data model concept in statistical mapping[J]. International Yearbook of Cartography, 1967(7)：186-190.
[39] 曾忠平，卢新海．城市湖泊时空演变的遥感分析：以武汉市为例[J]．湖泊科学，2008(5)：648-654．
[40] 魏海波．武汉市城市湖泊景观塑造研究[D]．武汉：华中科技大学，2006．
[41] 张泉，高东起．武汉湖泊调查报告[N]．楚天都市报，2010-6-23：4-8．

[42] 汪常青，吴永红，刘剑彤．武汉城市湖泊水环境现状及综合整治途径[J]．长江流域资源与环境，2004，5：499-502．

[43] 刘耀彬，陈红梅．武汉市主城区湖泊发展的历史演变、问题及保护建议[J]．湖北大学学报(自然科学版)，2003(2)：163-182．

[44] 林济东．武汉市水生态城市建设的战略思考[J]．城市道桥与防洪，2007，6：57-63．

[45] 肖铭，王晖．武汉汉江滨水区空间环境质量调研报告[J]．华中建筑，2005，3：113-114．

[46] 袁丰．城中湖形态变迁之意识流隐喻——以武汉市为例[J]．华中建筑，2011，10：120-124．

[47] 刘军民．水环境保护事权划分框架研究[C]．中国水污染控制战略与政策创新研讨会会议论文集，2010，12：90-105．

[48] Lu H W, Zhen G M, Xie G X.The regional ecological risk assessment of Dongting Lake watershed[J]. Acta Ecologica Sinaica,2003,23 (12)：2520-2530.

[49] Norton S B, Rodier D J, van der Schalie W H, et al. A framework for ecological risk assessment at the EPA[J]. Environmental Toxicology and Chemistry,1992,11(12): 1663-1672.

[50] Suler G W. Applicability of indicator monitoring to ecological risk assessment[J]. Ecological Indicators, 2001,1：101-112.

[51] Environmental Protection Agency. Guidelines for ecological risk assessment[R]. Washington, D.C.: US Environmental protection agency, 1998.

[52] Hayes K R. Best practice and current practice in ecological risk assessment for genetically modified organisms[R]. Canberra: CSIRO Division of Marine Research, 2004.

[53] 阳文锐，王如松，黄锦楼，等．生态风险评价及研究进展[J]．应用生态学报，2007，8：1 869-1 876．

[54] 姜启源．数学建模[M]．北京：高等教育出版社，1993．

[55] Chow G C. Econometric analysis by contro1 methods[M].John Wiley&Sons,1981.

[56] 刘思峰，郭天榜，党耀国，等．灰色系统理论及其应用[M]．科学出版社，1999：89-90．

[57] 彭勇行．管理决策分析[M]．北京：科学出版社，2000．

[58] 陈震．两型社会建设地方立法基本框架研究——以武汉市两型立法为例[J]．学习与实践，2012，5：64-70．

[59] 刘耀彬，王鑫磊，刘玲．基于“湖泊效应”的城市经济影响区空间分异模型及应用——以环鄱阳湖区为例[J]．地理科学，2012，32(6)：680-686．

[60] Schueler T, Simpson J. Why urban lakes are different[J]. Ratio, 2004, 2：19.

[61] Shafer C S, Lee B K, Turner S.A tale of three greenway trails: user perceptions related to quality of life[J]. Landscape and Urban Planning,2000,49：163-178.

[62] Martínez-Arroyo A, Jáuregui E. On the environmental role of urban lakes in Mexico city[J]. Urban Ecosystems, 2000,4：145-166.

[63] Miller R W. Urban forestry: planning and managing urban green spaces(second ed)[M]. Prentice-Hall, Englewood Cliffs, N J, 1997.

[64] Jiao L M, Liu Y L. Geographic field model based hedonic valuation of urban open spaces in Wuhan, China[J]. Landscape and Urban Planning, 2010,98:47-55.
[65] 赵蔚.城市公共空间的分层规划控制[J].现代城市研究,2001,5:8-10.
[66] 洪亮平,刘奇志.武汉市城市开放空间系统初步研究[J].华中建筑,2001,19(2):78-81.
[67] 杨保军.城市公共空间的失落与新生[J].城市规划学刊,2006,6:9-15.
[68] Chang T, Huang S. Reclaiming the city waterfront development in Singapore[J]. Urban Studies, 2011,48:2085-2100.
[69] Dale O J, Wong T. Sustainable city center development: the Singapore city center in the context of sustainable development[J]. Spatial Planning for a Sustainable Singapore,2008,10:978-971.
[70] 曲创.公共物品、物品的公共性与公共支出研究[M].北京:经济科学出版社,2010:20-28.
[71] [美]曼昆.经济学原理[M].梁小民,译.北京:机械工业出版社,2001.
[72] [美]萨瓦斯ES.民营化和公私部门的伙伴关系[M].北京:中国人民大学出版社,2002.
[73] 张祚,李江风,陈昆仑,等."特色全球城市"目标下的新加坡河滨水空间再生与启示[J]. 世界地理研究,2013,4:63-73.
[74] Song Y, Zenou Y. Urban villages and housing values in China[J]. Regional Science and Urban Economics, 2012, 42(3):495-505.
[75] Ying Q, Luo D, Chen J. The determinants of homeownership affordability among the 'sandwich class': empirical findings from Guangzhou, China[J]. Urban Studies, 2013,.1:1-20.
[76] 李江林,陈玉春,吕世华,等.利用 RAMS 模式对山谷城市兰州冬季湖泊效应的数值模拟[J].高原气象,2009,28(5):955-965.
[77] 李雪松,高鑫.基于外部性理论的城市水环境治理机制创新研究——以武汉水专项为例[J].中国软科学,2009,4:87-97.
[78] 吴冬梅,郭忠兴,陈会广.城市居住区湖景生态景观对住宅价格的影响——以南京市莫愁湖为例[J].资源科学,2008,30(10):1503-1510.
[79] 钟海玥,张安录,蔡银莺.武汉市南湖景观对周边住宅价值的影响——基于Hedonic模型的实证研究[J].中国土地科学,2009,23(12):63-68.
[80] 温海珍,卜晓庆,秦中伏.城市湖景对住宅价格的空间影响——以杭州西湖为例[J].经济地理, 2012, 32(11):58-64.
[81] Mahan B L,Polasky S,Adam R M. Valuing urban wetlands: a property price approach[J]. Land Economics, 2000,76:100-113.
[82] Chen K, Wang X, Li D, et al. Driving force of the morphological change of the urban lake ecosystem: a case study of Wuhan, 1990-2013[J]. Ecological Modelling, 2015, 318: 204-209.
[83] 李华,周志翔,徐永荣,等.城市化背景下近30年武汉市湿地的景观变化[J].生态学

杂志，2009，28(8)：1 619–1 623.

[84] Wu J, Xie H. Research on characteristics of changes of lakes in Wuhan's main urban area [J]. Procedia Engineering, 2011, 21:395–404.

[85] Yin Z Y, Walcott S, Kaplan B, et al. An analysis of the relationship between spatial patterns of water quality and urban development in Shanghai, China[J]. Environment and Urban Systems ,2005,29:197–221.

[86] Du N R, Ottens H, Sliuzas R. Spatial impact of urban expansion on surface water bodies—a case study of Wuhan, China[J]. Landscape and Urban Planning, 2010, 94(3):175–185.

[87] 余瑞林，王新生，刘承良．武汉市道路交通网络发展历程与演化模式分析[J]．现代城市研究，2007，22(10)：70–76.

[88] 段德罡，芦守义，田涛．城市空间增长边界(UGB)体系构建初探[J]．规划师，2009，25(8)：11–14.

[89] 朱杰，管卫华，蒋志欣，等．江苏省城市经济影响区格局变化[J]．地理学报，2007，62(10)：1 023–1 033.

[90] 宗跃光，王蓉，汪成刚，等．城市建设用地生态适宜性评价的潜力—限制性分析——以大连城市化区为例[J]．地理研究，2007，26(6)：1 117–1 126.

[91] 建筑设计资料集编委会．建筑设计资料集（第二版）[M]．北京：中国建筑工业出版社，1994.

[92] Kemp K. Encyclopedia of geographic information science[J]. Sage, 2008:40.

[93] Zhang S, Karunamuni R J. Deconvolution boundary kernel method in nonparametric density estimation[J]. Journal of Statistical Planning and Inference, 2009, 139(7): 2269–2283.

[94] De Smith M J, Goodchild M F, Longley P A. Geospatial analysis: a comprehensive guide to principles, techniques and software tools[M]. Troubador Publishing Ltd, 2007.

[95] Batty M. The size, scale, and shape of cities[J]. Science. 2008, 319(5864):769–771.

[96] 杨洪，陈红梅．武汉湖泊[M]．武汉：武汉出版社，2003.

[97] 姜杰，邬松，张鑫．论“城市公共性”与城市管理[J]．中国行政管理，2012，12：64–68.

[98] 钱振明．走向空间正义：让城市化的增益惠及所有人[J]．江海学刊，2007，2：40–43.

[99] 杨芬．城市空间生产的重要论题及武汉市案例研究[J]．经济地理，2012，32(12)：61–66.

[100] 高春花，孙希磊．我国城市空间正义缺失的伦理视阈[J]．学习与践，2011，194(3)：21.

[101] Harvey D. Social justice and the city[M]. University of Georgia Press，2010.

[102] 邹小华．城市空间、社会分层与社会和谐[J]．城市问题，2007，5：96–99.

[103] 林峰．纵观新加坡河综合更新工程[J]．合肥工业大学学报(自然科学版)，2009，12：1896–1820.

[104] 李敏，李建伟．近年来国内城市滨水空间研究进展[J]．云南地理环境研究，2009，13：86–91.

[105] 吴雅萍，高峻. 城市中心区滨水空间形态设计模式探讨[J]. 规划师，2003，1：46–50.

[106] 刘春，何艳. 城市滨水地区的再开发[J]. 城市问题，2006(7)：89–94.

[107] Eemund W. Landscape planning in Singapore[M].Singapore National University of Singapore Press,2001.

[108] 朱崇文. 新加坡商业地产开发案例研究[J]. 江苏科技信息，2012，6：19–21.

[109] 邓艳. 基于历史文脉的滨水旧工业区改造和利用——新加坡河区域的更新策略研究[J]. 现代城市研究，2008，8：25–37.

[110] 王海松，史丽丽. "面向河道"的更新设计——新加坡河沿河地区城市更新解读[J]. 华中建筑，2007，11：7–11.

[111] Koh T, Lin C L. The little red dot: reflections by Singapore's diplomats[M]. World Scientific Publishing Company Press, 2005.

[112] Lee K Y. From third world to first : the singapore story: 1965—2000[M]. Harper Press, 2000.

[113] Wong T C, Yuen B, Goldblum C. Sustainable city center development: the Singapore city center in the context of sustainable development[M]. Springer Science Press, 2008.

[114] Chia W M, Sng H Y. Singapore and Asia in a globalized world: contemporary economic issues and policis[M]. World Scientific Publishing Co.Pte.Ltd Press, 2009.

[115] Singapore Tourism Board. Annual report 2011/2012[R]. Singapore Housing Development Board, 2012.

[116] Abeysinghe T, Choy K M. The Singapore economy: an econonometric perspective[M]. Taylor & Francis Press, 2007：1–2.

[117] Yeoh B S A, Chang T C. Globalising Singapore: debating transnational flows in the city[J]. Urban Studies. 2001, 38(7)：1 025–1 044.

[118] Urban redevelopment authority annual report 2004/05[R]. Singapore: Urban Redevelopment Authority,2005.

[119] 詹正茂，田蕾. 新加坡创新型城市建设经验及其对中国的启示[J]. 科学学研究, 2011, 29(4)：627–633.

[120] Chang T, Huang S. Reclaiming the city waterfront development in Singapore[J]. Urban Studies. 2011, 48(10)：2 085–2 100.

[121] Chou L M. The cleaning of Singapore river and the kallang basin: approaches, methods, investments and benefits, ocean and coastal management[J]. 1998(38)：133–145.

[122] Urban redevelopment authority Singapore river development guide plan, draft[R]. Singapore: Urban Redevelopment Authority,1992.

[123] Urban redevelopment authority Singapore river development guide plan, draft[R]. Singapore River Planning Area, Planning Report,1994.

[124] OoI C-S. Contrasting strategies: tourism in Denmark and Singapore[J]. Annals of Tourism Research. 2002, 29(3)：689–706.

[125] Bruttomesso R. Complexity on the urban waterfront [M]. Marshall R (Ed.) Waterfronts in Post-industrial Cities. London: Spon Press, 2001.

[126] 孙永生.旧城旅游化地段改造研究——以新加坡河滨河地区为例[J].华中建筑,2012,2:115-119.

[127] Savage V R, Huang S, Chang T C. The Singapore river the matic zone: sustainable tourism in an urban context [J]. The Geographical Journal, 2004,9(170):212-225.

[128] Chang T C, Huang S. Geographies of everywhere and nowhere: place-(un)making in a world city[J]. International Development Planning Review, 2008,30(3):225-245.

[129] 张锋.国内外城市滨水区发展趋势分析[J].港口经济,2008(8):47-50.